Carl Dirnbacher, Regina Danov (Hg.)

Die Dirnbacher Mühle,
ein Industriedenkmal zum Anfassen

Lehrbroschüre für Schulen

Schriftenreihe des Brot- und Mühlen Lehr-Museums,
Band 1 – Die Mühle
Gloggnitz 2016

brot & mühle

museum | kunst | erlebnis

Impressum:

© 2016 by Brot- und Mühlen Lehr-Museum, Gloggnitz

Verein Brot- und Mühlen Lehr-Museum, ZVR 57855 2558
Vereinsobmann: Mag. Carl Dirnbacher
Hauptstraße 49, A-2640 Gloggnitz
www.brotundmuehle.at

Gestaltung und Redaktion: Regina Danov, BA

Fotos: Markus Stoll, Regina Danov
Zeichnungen: Markus Stoll, Regina Danov
Plankopien: Carl Dirnbacher
Lektorat: Ruth Stoll

ISBN 9783743153677

Herstellung und Verlag: BoD - Books on Demand, Norderstedt

Inhalt

Seite

Sehr geehrte Damen und Herren,
liebe Kinder,

es ist für eine Stadt wie *Gloggnitz* von unschätzbarem Wert, ein solches Kleinod, wie das Brot- und Mühlenmuseum eines darstellt, zu beheimaten.

Gerade in Zeiten der immer stärkeren Industrialisierung der Nahrungsmittelherstellung ist es immens wichtig, unserer und kommenden Generationen Information bereitzustellen und Wissen hinsichtlich der traditionellen Produktion unserer Grundnahrungsmittel vermitteln zu können. Zahlreiche *Führungen und Exkursionen der Schulen und das Echo der Schülerinnen und Schüler* zeigen deutlich, wie groß das *Interesse an Tradition und Ursprünglichkeit* auch heute noch vorhanden ist und auch in Zukunft, vielleicht sogar noch verstärkt, sein wird.

Mein Dank gilt an dieser Stelle den Verantwortlichen des Museums, der *Familie Dirnbacher für ihr Engagement* und das *Hochhalten der Zunft* ihrer Vorfahren.

Irene Gölles
Bürgermeisterin

Vorwort

Willkommen in der ***Kunstmühle Josef Dirnbacher*** in Gloggnitz!

Du hältst unsere neue Mühlenbroschüre (Band 1 - Die Mühle) speziell ***für Schulkinder*** in den Händen. Sie soll dir am Beispiel der lange stillgelegten Kunstmühle in Gloggnitz einerseits die Geschichte dieses Hauses erzählen, andererseits altes Wissen über die Mühlen, die Müllerei, das Korn und das Brot näherbringen.

Wir wissen alle, was Bauern und Bäuerinnen, was Bäcker und Bäckerinnen täglich machen. Der Beruf der Müller und Müllerinnen jedoch ist lange schon in Vergessenheit geraten. Dies liegt daran, dass die sogenannten »romantischen Mühlen«, wie wir sie uns vorstellen, vor mehr als 100 Jahren von den »industriellen Mühlen« gänzlich verdrängt wurden. In den wenigen heutigen Großmühlen unseres Landes sind wohl ähnliche Maschinen und Abläufe beim Mahlen und allem was dazugehört zu finden, doch diese Mühlen kannst du bei ihrem Tun nicht mehr beobachten, denn die Prozesse sind computergesteuert und die Produktionshallen für uns meist unzugänglich.
Mit dieser Broschüre versuchen wir, einen Bogen von »damals« zum »Heute« zu spannen, damit der Mühle und ihrer Wichtigkeit für die Menschheit anhand eines Beispieles, nämlich das der Dirnbacher Mühle, Bedeutung geschenkt wird.

Dies' Büchlein soll dir helfen, die großen Themen rund um unser Brot »zu Ende zu denken«. Gib' dich nicht zufrieden, bis du alles genau erfasst hast! Gerade beim Thema um die »älteste Maschine der Menschheit«, die Mühle, gerade beim Thema Brot, das uns alle betrifft, ist Genauigkeit im Hinsehen gefragt und es hilft dir sicher in deinem Leben weiter. Dem Thema wohnt eine gewisse »Bodenhaftung«, ein gewisser »Erdgeruch« inne, und vermutlich wirst du erst in deinem späteren Leben erkennen, wie umfangreich und wertvoll alles rund um's »tägliche Brot« ist.

Die Verwandlung vom Korn zum Mehl, vom Mehl zum Teig, vom Teig zum Laib und vom Laib zum Brot ist eine spannende, fast mystische, aber jedenfalls interessante Sache. Die Umformung (vom Korn zum Brot) erinnert uns ein bisschen an »Raupe, Puppe und Schmetterling[1]«, wobei das »Endprodukt« da wie dort erstaunlich ist.

Freue Dich nun darauf, die technischen Entwicklungen rund um die Müllerei und Bäckerei gemeinsam mit uns, mit deinen Lehrern/-innen und deinen Mitschülern/-innen und Freunden/-innen zu erforschen und zu ergründen.
Es warten viele spannende Themen auf dich.

Bis zum Wiedersehen grüßen wir dich mit dem alten Müllergruß »Glück zu!«

Regina Danov, BA
Kulturvermittlerin
Brot- und Mühlen Lehr-
Museum

Mag. Carl Dirnbacher
Vereinsobmann
Brot- und Mühlen Lehr-
Museum

Abb. 1: Müllerwappen[2]

---

[1] vgl. Funada, 2013, 55
[2] Bayerischer Müllerbund e.V.; Die im Müllerwappen verwendeten Symbole haben folgende Bedeutung: [v.o.n.u.] Winkel, Zirkel und Zahnrad (sind Symbole des Mühlenbaus), Mühlstein, Walze (Walzenstuhl), getragen und gehalten von den beiden Löwen.

Wie alt ist das Getreide?

Alle Getreidesorten gehören zur Familie der Gräser. Weizen und Gerste sind die ältesten Sorten. Ihr Ursprung liegt im sog. »fruchtbaren Halbmond«, das sind die Länder Israel, Libanon, Syrien, Türkei und Irak. Dort wurde schon 8000 Jahre vor Christus[3], also vor rund 10000 Jahren Getreide angebaut. Roggen und Hafer kamen erst viel später dazu. Sie entstanden zuerst als »Unkraut« neben Weizen und Gerste und wurden im Laufe der Zeit vom Wildkorn zu einer echten Getreidesorte kultiviert.[4]

Der Weg bis zum heutigen Weizenanbau war lange. Die Menschen suchten großkörnige Gräser und begannen deren Körner an bestimmten (günstigen) Stellen auszustreuen. Die ersten Felder entstanden. Der Mensch wurde sesshaft und begann zu töpfern, weil Vorratsgefäße notwendig waren. Man begann Vieh zu halten[5].

So wurden aus ***Süßgräsern*** (Poaceae), die die wild wachsenden Vorläufer unserer Kulturgetreidesorten sind, langsam die Weizenarten Wild-Einkorn (Triticum monococcum) und Wild-Emmer (Triticum turgidum), sowie die Wild-Gerste (Hordeum vulgare)[6]. Unser Getreide hat also einmal ganz klein angefangen, als Einkorn, im Volksmund auch »Pferdedinkel« genannt. Wie der Name schon verrät, hat es in seiner Ähre nur ein Korn, ***ein einziges Korn.***

Vom Einkorn kam man zum Zweikorn, dann zum Emmer, bis man schließlich zu den vielkörnigen Weizenarten der Neuzeit kam, deren Ähren heute oft so schwer geworden sind, dass sie die Halme kaum noch tragen können.[7]

Weizen und Roggen sind heute unsere wichtigsten Getreidesorten. Sie werden entweder im Herbst als Wintergetreide, oder im Frühling als Sommergetreide ausgesät.
Die Ernte wird von Juli bis August eingefahren.
Das Korn ist ***Grundnahrungsmittel für Mensch und Tier.***

Abb. 2: Mais, Weizen, Roggen und Dinkel

---

[3] folgend v.Chr. und n.Chr. bez.
[4] Im Gebirge von Afghanistan haben wilder Roggen und Hafer bis heute überlebt.
[5] vgl. Küster et.al., 1999, 56
[6] vgl. Heiss, 2013, 43
[7] vgl. Brandstetter, 1980, 208-211

Warum wird Korn gemahlen?

Es wäre doch viel einfacher, das Korn ohne »den mühsamen Arbeitsvorgang des Mahlens« zu essen! Oder?

Unser Getreide wächst auf einem Getreidehalm. Der oberste Teil, der die Körner enthält, heißt *»Ähre«.*
Zusätzlich ist jedes einzelne Korn in eine *»Spelze«* gehüllt. Die Spelzen fallen beim Dreschen ab.

Wenn ein Korn durch das Dreschen aus der Spelze herausgelöst ist, sieht es so aus:

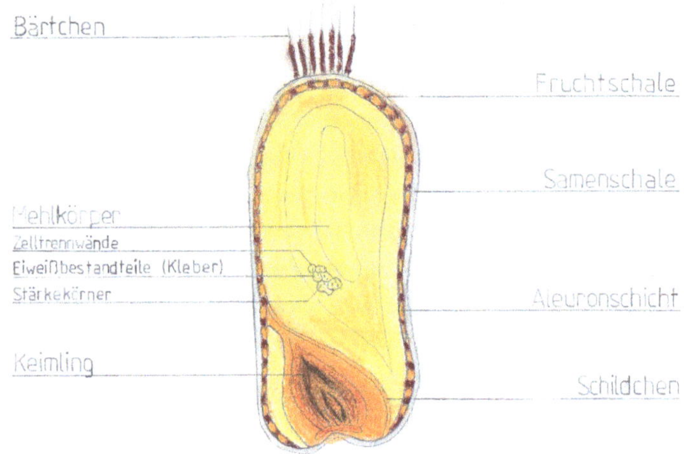

Abb. 3: Schnitt durch ein Korn

Viele äußere Schichten umhüllen das Korn und bilden die Schutzschicht für Mehlkörper und Keimling[8].   Die Fruchtschale besteht aus vier Schichten und die Samenschale aus zwei, also hat jedes Korn insgesamt sechs äußere Schichten, die Mineralstoffe und Ballaststoffe enthalten.
Gemeinsam mit dem Keimling heißen diese Bestandteile »Kleie«[9].

Unser Korn besteht demnach aus drei wichtigen Teilen:
- der *Frucht- und Samenschale* (bilden die äußere Umhüllung),
- dem *Keimling* (ist die Anlage für die nächste Pflanze)
- und dem *Mehlkörper* (enthält Stärke).

Der Mehlkörper beträgt 90 % des Korngewichtes und wird von der sog. »Aleuronschicht« umhüllt. Im Mehlkörper befindet sich *das Eiweiß und die Stärke*[10]. Das Eiweiß, das sog. Klebereiweiß [Gluten] und die Stärke sind für das Brotbacken unentbehrlich.

Weil der Mehlkörper von vielen [festen] Schichten umhüllt ist, muss das Korn gemahlen werden. Die Schale ist hart und schwer verdaulich. Im Mehlkörper aber befinden sich für uns wertvolle Nährstoffe, vor allem die »Stärke«. Darum holen wir die Stärke aus dem Korn heraus. Reibt man die Schale des Korns auf bzw. ab, wird dadurch auch gleichzeitig der Mehlkörper zerquetscht, weil dieser weich und brüchig ist. So entstehen [durch das Mahlen] lauter kleine [und noch kleinere] Bruchstücke. Die Schale trennt sich ganz vom Mehlkörper, dieser zerfällt in feinste [Mehl]-Teilchen. Leitet man »dieses Gemisch« durch ein Sieb, bleibt die grobe Kleie im Sieb, das feine Mehl fällt durch.[11]
So mahlt die Mühle.

---

[8] Der Keimling ist der gehaltvollste Teil, er beträgt nur 2-3 % des Korngewichtes, und enthält 26 % des Eiweißanteiles. (vgl. Funada, 2009, 99)
[9] vgl. Funada, 2009, 99
[10] Stärkekörnchen
[11] vgl. Funada, 2009, 99

Von Mahl- und Reibesteinen

Um das für die Menschen so wertvolle »Mehl« aus den Körnern zu gewinnen, gibt es nur eine Möglichkeit: Die Körner müssen zerquetscht und gemahlen werden. Dies geschah von Beginn an in mühevoller Handarbeit. Die Körner wurden auf und mittels Steinen »zerrieben«[12], das heißt unsere Vorfahren haben schon vor tausenden von Jahren[13] Gräser und Körner mit der Hand gemahlen.
Sie nahmen dazu flache Steine[14] und zerrieben das Korn darauf.

In dieser entfernten alten Zeit, als die Menschen aufhörten Eicheln und Kräuter[15] zu essen und sich stattdessen der ersten Getreidearten bedienten, liegt »der Ursprung aller Mühlen.«
Die ersten »***Handmühlen***« waren eine Erleichterung im Gegensatz zu den ***Reibesteinen***. Dabei wird das Korn zwischen zwei runden, großen Steinen gemahlen. Der obere Stein wird im Kreis herum gedreht, der untere ruht an Ort und Stelle. Solche Handmühlen waren die ersten »richtigen« Mühlen und bei den Römern weit verbreitet[16].

Abb. 4: Reibstein mit Läufer, Vulkangestein[17]
zwischen 2000 und 3000 v.Chr., Tenéré (Termitengebirge), Sahara, Niger
Museum der Brotkultur, Ulm

---

[12] vgl. Renold, et.al. 2008, 8
[13] Verbunden mit der vermehrten Sesshaftwerdung der Nomaden um etwa 4000 Jahre v.Chr. entstand die Notwendigkeit der Zerkleinerung von Korn und man nimmt heute an, dass seit 10000 Jahren Getreide angebaut wird. Der älteste europäische Brotfund (»das verkohlte Brot von Twann«) stammt aus der Schweiz und ist etwa 3700 Jahre alt. (vgl. Heiss, 2013, 48) Das älteste, versteinert gefundene Brot ist etwa 5500 Jahre alt. (vgl. Amann, 2016) Die Ackerbaukultur breitete sich über Mitteleuropa aus und man begann, die ersten gepflanzten Kornsorten, wie Einkorn, Emmer, Zwergweizen und Gerste zwischen zwei Steinen zu zermahlen und aus diesem Mehl Fladen und Brot zu backen. (vgl. Kantilli, 2016)
[14] Der älteste Mahlstein, der überhaupt je gefunden wurde, stammt aus Australien. Die Fundstelle heißt »Cuddle Springs«. Dieser Mahlstein ist angeblich 27000 Jahre alt.
[15] Sie lebten von der Jagd, vom Fischfang, vom Sammeln von Früchten, Grünzeug, Wurzeln, Zwiebeln, Knollen und Pilzen. Das menschliche Gebiss genügte für die Zerkleinerung der Nahrung. Der Mensch war »Jäger und Sammler.« (vgl. Gleisberg, 1956, 5-6)
[16] vgl. Renold, et.al. 2008, 8
[17] 24 x 24,4 x 42 cm

Der obere, kleinere und kugelförmige Stein wird auch »Stößel« genannt. Diese Steine waren aus Granit, Gneis oder Sandstein. Manche Reibmühlen wiesen eine so tiefe Aushöhlung auf, dass man auch von Mahltrögen sprechen kann. Der sog. »Mörser« ist wahrscheinlich gleich alt wie die Reibemühle. Beide entwickelten sich vermutlich parallel.[21] In einem Mörser wird das Getreide zerstampft.

Abb. 5: Reibstein[18] mit Läufer, Kalkstein (Reibstein), Granit (Läufer), um 1930, Sudan[19]
Museum der Brotkultur, Ulm

Diese ersten Mühlentypen waren technische Vorbilder für alles was danach kam. Die Griechen und Römer haben die alten Techniken erst beibehalten, dann weiterentwickelt[20] und die gesamte spätere Müllerei beruht auf dem Prinzip dieser ersten Drehmühlen.

Abb. 6: Handmühle[22], Kalkstein, 1800-1899, Algarve, Südportugal
Museum der Brotkultur, Ulm

Die Wassermühle

Die Wassermühle ist etwa 3000 Jahre alt. Erst wurden »*Schöpfräder*« zum Heben von Wasser entwickelt, um die Felder zu bewässern. Daraus entstanden die späteren Wassermühlen zum Mahlen[23].
Die ersten Überlieferungen über Wassermühlen stammen aus dem griechisch-römischen Kulturbereich des 1. Jh. v.Chr. Die erste technische Beschreibung einer (Wasser-)Mühle mit einem vertikal gestellten Schaufelrad über einer Zahnradübersetzung stammt vom Ingenieur Vitruv [Vitruvius], der am Hof des Kaisers Augustus[24] lebte[25].

Bei den Wassermühlen fließt das Wasser entweder von oben [oberschlächtig[26]] über das Rad, oder es strömt [unterschlächtig[27]] unter dem Rad durch[28]. So wird das Rad entweder von oben angetrieben, oder von unten.

---

[18] 15 x 16 x 33 cm
[19] Süd-Kordofan, Nuba-Berge, Murta
[20] vgl. Gleisberg, 1956, 6
[21] vgl. Gleisberg, 1956, 8-9
[22] 32,2 x 35 x 35 cm
[23] vgl. Renold, et.al. 2008, 10
[24] 31. Jh. v. Chr. bis 14. Jh. n. Chr.
[25] vgl. Gleisberg, 1956, 6-7
[26] kamen erst im Spätmittelalter auf
[27] unterschlächtig ist die ältere Bauweise
[28] vgl. Renold, et.al. 2008, 1

12

Die älteste Antriebsform ist das ***horizontale Wasserrad***, das durch den seitlich einwirkenden Wasserstrom bewegt wird. Die Mühlsteine befinden sich hier direkt über dem Rad und werden gleichzeitig mit diesem gedreht[29]. Die Kraftübertragung passiert direkt und übereinander.

Bei den vertikal [aufrechtstehenden] Wasserrädern ist die Kraftübertragung komplizierter und wird auf ***Seite 19*** genau erklärt. (siehe Kapitel über »Bauernmühlen«)

Der Mühlstein

Über Jahrtausende benutzte man demnach zum Mahlen ***runde Steine [Mühlsteine].***

Sie waren unterschiedlich groß und wogen bis zu 700 kg[30].

Der untere Stein eines Mühlganges war immer fix montiert [Unterleger oder ***Bodenstein*** genannt], der obere Stein drehte sich und hieß deshalb »***Läufer***«. Die Steine sollten nicht zu weich und möglichst gleichmäßig beschaffen sein. Man verwendete Porphyr, Basalt oder Quarzsteine. Beliebt und billiger war der Sandstein[31]. Die Steine wurden aufgeraut und mit Furchen versehen, die von der Mitte nach außen verliefen. Die scharfen Furchenränder[32] rissen die Körner in Stücke. Das Mahlgut wanderte weiter entlang der Furchen nach außen und rieselte zwischen den Steinen hervor[33].

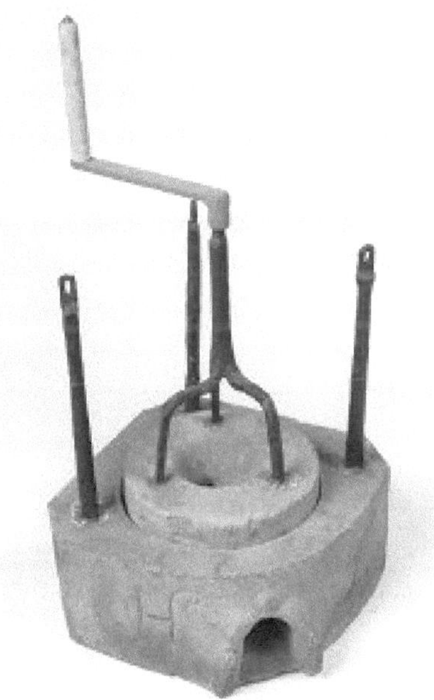

Abb. 7: Steinerne Handmühle, aus Stein, Eisen und Holz[34]
Museum der Brotkultur, Ulm

---

[29] vgl. Renold, et.al. 2008, 12
[30] vgl. Renold, et.al. 2008, 14
[31] Standstein ist eher weich beschaffen, dadurch gelangte viel Steinmehl in das Mahlgut.
[32] War ein Stein abgenützt, musste er geschärft werden, damit die Furchenränder wieder »scharf« wurden und die Oberflächen wurden wieder aufgeraut.
[33] vgl. Renold, 2008, 14
[34] 49,5 x 24,7 x 25,5 cm

Der Mahlgang

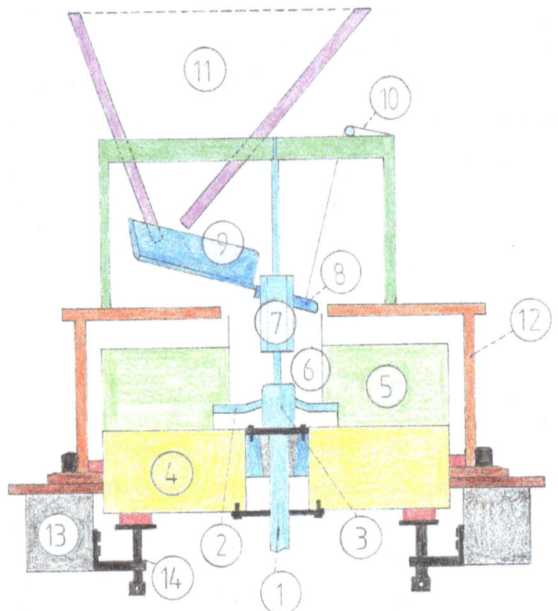

Abb. 8: <u>Ein Mahlgang besteht aus:</u>

1) Mühleisen oder Langeisen, 2) Haue, 3) Treiber, 4) Bodenstein
(fix montierter Unterleger), 5) Läuferstein (der obere »bewegliche«
Stein), 6) Rütteleisen [auch Tanzmeister genannt], 7) Drei- oder
Vierschlag, 8) Speiseschieber [Auslaufloch], 9) Rüttelschuh,
10) Speiseregulierer, 11) Aufschütttrichter [»Gosse« (Vorrichtung
zum Einlauf des Mahlgutes)], 12) Zarge (oder Bütte),
13) Bodensteinlagerung [Befestigung], 14) Stellschrauben
[Befestigung]

Abb. 9: Mahlgang,
Dirnbacher Mühle

Die römischen Tierdrehmühlen

Die erste Nachricht über eine Drehmühle bezieht sich auf eine *Tierdrehmühle* (234-149 v. Chr.). Dabei werden Eselmühlen und Stoßmühlen beschrieben. Die Eselmühlen fanden in den Landgütern Verwendung, die Tiermühlen Pompejis und Ostias wurden in den gewerblichen Bäckereien eingesetzt[35].
Solche Mühlen sind im Pompeji[36] und Ostia noch im Original erhalten.

---

[35] die ersten in Rom übrigens 171 v. Chr.

[36] Die römische Stadt Pompeji (am Golf von Neapel) wurde im Jahre 79 n. Chr. durch einen gigantischen Vulkanausbruch des Vesuvs innerhalb kürzester Zeit verschüttet. Verkohltes Alltagsgeschehen wurde dabei konserviert und erhalten. Die damalige Tragik des Geschehenen gibt uns heute die einmalige Gelegenheit, die Dinge des Alltags und somit auch die damaligen Mühlen zu betrachten, wie sie tatsächlich waren, denn das Leben und der Tod der Stadt und seiner Bewohner, wurde in einer Momentaufnahme unter einer dicken Schicht aus Asche und Bims [Vulkangestein] konserviert und bestens erhalten. Die Ausgrabungen fast 2000 Jahr danach brachten die Stadt und die Dinge des täglichen Lebens – auch die Tierdrehmühlen – in einem erstaunlich guten Zustand zu Tage. Aus Pompeji ist schließlich sogar antikes Brot selbst erhalten geblieben.

Der Läufer (catillus) ist mittels einer durchlochten Scheibe und eines auswechselbaren Zapfens über dem Bodenstein (meta) aufgehängt. Um diesen Zapfen dreht sich *karusselartig* der Catillus.

Das in den oberen Hohlkegel geschüttete Getreide gelangt durch die Löcher der Scheibe in den engen Raum zwischen die unteren Kegelwände und wird durch die Umdrehung der Mühle zermahlen.
Die Mühlen konnten von Zugtieren oder von Sklaven gedreht werden[37].

Abb. 10: So sah eine Römische Tierdrehmühle aus.

In Pompeji fanden sich viele solcher Mühlen, die an die *Form einer Sanduhr* erinnern.

Die Schiffsmühlen

Im 5. Jh. entstanden *Schiffsmühlen*, und zwar am Tiber[38]. Rom wurde im 6. Jh.[39] von den Ostgoten belagert. Als der Gotenkönig Vitiges [WITTICH] 536 n. Chr. dabei absichtlich die Kanäle verstopfte, drohte Rom eine Hungersnot. Die Wasserzufuhr für die römischen Mühlen war abgesperrt, da die Aquädukte, die die römischen Mühlen mit Wasser versorgten, unterbrochen oder zerstört wurden. Belisar [Flavius Belisarius] war römischer General und Feldherr des Kaisers Justinian I.[40] und er kam auf die Idee, die Mahlgänge auf Schiffe zu setzen, die am Tiber verankert waren. Die *auf die Schiffe gesetzten Mühlen* konnten somit unmittelbar von der Strömung des Flusses (unterschlächtig) angetrieben werden[41]. Belisar, dem später[42] die Rückeroberung Roms gelang, gilt seitdem als der Erfinder der Schiffsmühlen[43].

Schiffsmühlen bestanden aus zwei Schiffen. Das »Hausschiff« trug das Mühlenhaus mit allen zum Mahlen nötigen Gerätschaften. Das »Wellenschiff« trug die zweite Aufhängung des (unterschlächtigen) Mühlrades. Haupt- und Nebenschiff waren durch Balken miteinander verbunden[44].

Im 17. und 18. Jh. gab es viele Schiffsmühlen in Deutschland und Österreich[45]. An der Donau, von Korneuburg stromabwärts, waren 1673[46] insgesamt 39 Schiffsmühlen verankert[47].

---

[37] vgl. Gleisberg, 1956, 18-19
[38] Fluss, fließt durch die italienische Hauptstadt Rom
[39] von 535 – 554 n. Chr.
[40] er stammte vom Balkan, dem heutigen Bulgarien
[41] vgl. Gleisberg, 1956, 34-35
[42] 547 n. Chr.
[43] vgl. Der geschichtliche Mühlenbau [Siehe: 2. Das Zeitalter der Wasserrad- und Windmühlen, S. 18-35], 2012, S. 21)
[44] vgl. Galler, 2013, 46-47
[45] in Österreich an March und Donau
[46] laut Handwerksordnung aus 1673
[47] vgl. camerahumana, 2012

Die Windmühlen

Zwischen der Erfindung der Wassermühlen und der der Windmühlen klafft eine Lücke von etwa 1000 Jahren[48]. In Europa tauchte die Windmühle erstmalig in Form der *Bockwindmühle* im 12. Jh. auf[49].
In Gegenden mit viel Wind, oder wo es wenig Wasser gab, hat man Windräder gebaut um die Mühlsteine anzutreiben.

Im westlichen Weinviertel wurden Ende des 18. Jh. viele Windmühlen, aber auch Rossmühlen gebaut. Es kam zu einer kleinen Hochblüte für Windmühlen und es gab im Weinviertel mehr als 40 Windmühlen[50].

Es gibt verschiedene Windmühlen. Die ältesten waren Bockwindmühlen. Später kamen dann die größeren und leistungsfähigeren *Holländerwindmühlen* auf. Eine Bockwindmühle hat ein drehbares Gehäuse (die ganze Mühle kann gedreht werden). Der »Holländer« hat eine drehbare Haube (die Dachkonstruktion samt Flügel kann gedreht werden).

Des Windmüllers größtes Problem war meist der Wind. Ohne Wind konnte er nicht mahlen. Bei zu heftigem Wind gab es meist Schäden an der Mühle.
Dieses Gedicht von Wilhelm Busch verdeutlicht seine Situation:

> Aus der Mühle schaut der Müller,
> der so gerne mahlen will.
> Stiller wird der Wind und stiller.
> Und die Mühle stehet still.
> »So geht`s immer wie ich finde!«
> rief der Müller voller Zorn.
> »Hat man Korn, so fehlt`s am Winde.
> Hat man Wind, dann fehlt`s am Korn.«[51]
>
> *Wilhelm Busch*

Soweit der große Wilhelm Busch[52], das Gedicht wurde noch[53] erweitert:
»Luft, die wilde wie die linde, schaltet mir den Mahlgang aus.[54]«

Das Mühlenwesen im Mittelalter[55] und vom »bösen« und vom »guten« Müller

Für die Verbreitung von Mühlen im Land waren »*Orden*[56] *und [der] Adel*« verantwortlich. Nur sie konnten die Infrastruktur einrichten und sich auch die enorm hohen Errichtungskosten leisten[57]. Daher hatten im Mittelalter die Burg- und Grundherren das

---

[48] Über die Windmühlen gibt es eine technische Beschreibung aus dem 13. Jh., sowie mehrere Erwähnungen aus dem 9. Jh. und nur wenige aus dem 7. Jh. sämtliche Beschreibungen stammen aus dem islamischen Kulturbereich. (vgl. Gleisberg, 1956, 7)

[49] vgl. Gleisberg, 1956, 7

[50] Die letzten noch tätigen Windmühlen befinden sich in Retz und in Podersdorf am Neusiedler See. Diese beiden Windmühlen sind die letzten (von etwa 400) Windmühlen in ganz Österreich.

[51] Wilhelm Busch, aus: Brandstetter, 1980, 162

[52] Wilhelm Busch war auch als »Mühlenkenner« bekannt.

[53] mit Brandstetter

[54] Brandstetter, 1980, 162

[55] etwa 6. bis 15. Jh.

[56] besonders die Zisterzienser

[57] vgl. Galler, 2013, 40

Sagen. Die Bauern waren an »ihren [Grund]-Herrn« gebunden und die Müller und Bäcker konnten ihrem Handwerk nur unter ständiger Kontrolle der Obrigkeit nachgehen[58].

Es kamen langsam **Mühlenorganisationen** auf, doch diese waren genauso von »Zwang« gekennzeichnet. Durch den »Mühlenbann« war es den »Herrschenden« möglich, die Errichtung von neuen Mühlen im Einzugsgebiet einer bereits bestehenden zu verbieten. Es bestand darüberhinaus »Mühlenzwang«, was bedeutete, die Bauern durften ihr Korn nur in der Mühle ihres Grundherrn mahlen und verarbeiten lassen. Das zwang sie oft zu langen Wegen und zu Mautzahlungen für die »Mühlwege«. Oftmals wurde versucht, das Mahlen mit Handmühlen auf den Höfen zu unterbinden.

Die Beziehungen zwischen Bauern und Müllern waren deshalb oft konfliktreich. Die Müller wiederum hatten ihre Ressentiments von oben her (vom Grundherrn) zu ertragen. Der Bauer stand in einem Zwangsverhältnis zum Müller, dieser stand in einem selbigen zum Grundherrn.[59]

Aus diesen Gründen sagte man den Müllern über Jahrhunderte oft **»böses« oder »betrügerisches« Verhalten** nach und die Bauern fühlten sich von ihren Müllern oft betrogen. Nicht selten glaubte man, die Müller wären »mit dem Teufel im Bunde«, weil sie oft nachts mahlten. Das mussten sie, waren sie doch auf Wind- oder Wasserkraft angewiesen und mussten deshalb günstige Winde und Wasser nützen. Doch die Landbevölkerung sah das Arbeiten bei Nacht bis ins 19. Jh. hinein als unehrlich an. Mühlen lagen darüberhinaus oft in einsamen Gegenden und das verstärkte sicher die Mythenbildung, das heißt, es entstanden Lieder, Gedichte und Märchen rund um die Mühle.[60] Eine Mühle ist bis heute ein romantischer, aber auch etwas unheimlicher Ort geblieben[61], obschon eine heutige industrielle Mühle von alledem nichts mehr aufweist, sie ist weder märchenhaft noch sagenhaft, schon gar nicht »romantisch«, dafür aber hochindustrialisiert und elektronisch-technisch ausgeklügelt.

Erst Maria Theresia[62] schaffte den »Mühlenbann« ab und Joseph II.[63] förderte den Mühlenbau. Eine »private« Errichtung und der »private« Betrieb einer Mühle war damit grundsätzlich möglich[64], wenngleich vermutlich immer noch – aufgrund von hohen Kosten – sehr schwierig, denn für die Errichtung und Beschaffung der wertvollen Mühlsteine musste man über großes Kapital verfügen, das der einfache Mann nicht hatte. Auch deshalb waren es vorwiegend die **Grundherren**, und vor allem die **Klöster**, die sich einen Mühlenbau und dessen Betrieb überhaupt leisten konnten[65].

Die Mühlen stellten neben den Burgen, Schlössern und Pfarreien die größten Profanbauten dar und prägten so das Landschaftsbild bis in die Renaissance hinein mit. Die großen Mühlen des Klerus waren aus Stein errichtet, technisch den kleinen Hof- und Bauernmühlen weit überlegen, und waren »mehrgängig«[66]. Das bedeutet, sie verfügten schon über mehrere Mühlräder[67].

---

[58] vgl. Rapp et.al., 2013, 22

[59] vgl. Galler, 2013, 56-57

[60] bekannteste Beispiele: Der gestiefelte Kater oder Rumpelstilzchen

[61] vgl. Renold et.al., 2008, 37

[62] Maria Theresia von Österreich *1717, † 1780

[63] Joseph II. *1741, † 1790 [Sohn von Maria Theresia]

[64] vgl. Galler, 2013, 51

[65] vgl. Galler, 2013, 39

[66] Im Weinviertel wird 1661 eine Mühle in Rabensburg erwähnt, die elf Mahlgänge hatte. (vgl. Galler, 2013, 42)

[67] vgl. Galler, 2013, 42

Was der mittelalterlichen Mühle noch fehlte, war ein (mechanisches) Beutelwerk. Ein solches wird erstmalig 1588 beschrieben[68]. Die erste deutsche Erwähnung einer *mechanischen Sieb- oder Sichteinrichtung* stammt aus dem Jahr 1656 aus Zwickau, wo einer schreibt, dass im Jahre 1502 das Beuteln in den Mühlen erstmalig gebraucht worden sei. Ein Sieb soll es gewesen sein, in Form eines Beutels, in das das Mehl (wenn es die Steine verlässt) fallen sollte, und der Beutel durch das Mühlwerk sich drehen und erschüttert werden solle. Diese vorteilhafte Einrichtung (Beutelwerk) ist demnach ab dem Anfang des 16. Jh. bekannt. Bis dorthin[69] habe man nur durchgemahlenes, schwarzes Mehl verbacken und noch kein »gebeuteltes weißes«[70].

Die Technik bewegte sich langsam vom ausgehenden Mittelalter in die »Neue Zeit«.
Die Müllerei (v.a. die Wassermühlen) und ihre Techniken stagnierten aber vom 16. bis zum Beginn des 19. Jh. weitgehend[71].

Mühle und Brot im 17. Jh.

Was die Menschen am Brot im 17. Jh. vor allem interessierte war, was es kostete, ob sie es sich leisten konnten und ob es überhaupt welches gab.
Es gab damals (und auch weit davor) für heutige Maßstäbe unvorstellbar große Abhängigkeiten der Menschen von guter Ernte, von Getreidepreisen, aber auch von geeigneten Mühlen und fleißigen Müllern und Müllerinnen, die lange vor Tagesbeginn mit dem anstrengenden Mahlen beginnen mussten[72].

Gegen Ende des 18. Jh.s wurden Weizen und Roggen noch von den Bauern (primitiv) gereinigt, bevor sie es in die Mühlen brachten. Vor allem Unkraut und große Teile (Verunreinigungen) wurden entfernt. Eine ausführliche Beschreibung des in Deutschland üblichen Mahlens (aus 1807) lautet so:

... das müllerische Verfahren bestand aus fünf- bis sechsmaligem Aufschütten und mehrfachem Sichten. Beim ersten Mal wird (der Weizen) gespritzt und von der Kleie abgerieben. Beim zweiten Mal wird geschrotet. Beim dritten Mal wird der Schrot schon durch den Beutel gelassen, das gibt ein »ordinäres« Mehl. Beim vierten Mal erhält man das »Mittelmehl«. Beim fünften Mal bekommt man das »feine« Mehl. Beim sechsten Mal wird alles, was vorher noch nicht zermahlen war (auch die Spitzkleie vom 1. Mal zusammengetan) und [nochmals] scharf durch die Mühle gelassen, und davon bekommt man das »schwarze« oder »Aftermehl«. Was zuletzt übrig bleibt ist die Kleie. Die erwähnten vier Sorten Mehl konnten dann auch gemischt werden ... [73].

---

[68] von Ramelli in seinem Werk: Le diverse et artificiose machine von 1588 an Hand von Fig. CXIX
[69] konnte man aus der Zwickauer Chronik entnehmen
[70] vgl. Gleisberg, 1956, 39
[71] »Nach dem Technologischen Wörterbuch von Joh. K. Gottfried Jacobsson von 1781 – 1795 bestand die Wassermühle damals noch immer aus Wasserrad, Kammrad und Stockgetriebe, Mahlgang und mechanischem Beutelwerk.« (Gleisberg, 1956, 40)
[72] vgl. Berger, 1993, 11
[73] vgl. Gleisberg, 1956, 53-54

Bauernmühlen

Unsere Bauernhausmühle wurde 1793 in Gloggnitz aus Holz gebaut. Sie hat einen hölzernen Aufbau (2,7 x 2,3 x 1,7 m) mit **einem Mahlgang (2 Mühlsteine)** mit 80 cm Durchmesser, ein Aufschüttgoss, eine Rüttelvorrichtung, ein Mühleisen mit Stockrad, ein Mühleisen mit Stockrad als Reserve, ein Kamprad aus Holz mit hölzernen Zähnen (Durchmesser 1,3 m) einen Beutelkasten mit Komplettantrieb, sowie ein Kleiesieb (mit Antrieb).

Sie wurde in den 1980er Jahren vom **Bauernhof Leopold**, vormals Bauer, Sonnleiten 9, in Gloggnitz abgebaut und hier im Mühlenmuseum wieder aufgestellt. Die Bauernmühle ist renoviert und betriebsbereit und wird heute elektrisch betrieben.

Abb. 11: Unsere Bauernhausmühle ist oft gut besucht, Dirnbacher Mühle

Solche Mühlen wurden aus hartem Holz (Lärche, Buche) gebaut. Viele Handwerker haben das alte Handwerk des Mühlenbauens von ihren Vätern gelernt, und kümmerten sich – meist neben ihrer Landwirtschaft – auch um andere Mühlen und deren Betrieb und Erhalt. Die **Kunst des Mühlenbaus** wurde so seit Generationen meist innerfamiliär weitergegeben. Zu Beginn wurde für die Herstellung des Wasserrades nach einem hundertjährigen roten **Lärchenbaum** mit einem schön gewachsenen kreisrunden Stamm gesucht. Das ist die Grundvoraussetzung für den Bau eines Mühlrades. Der rote Lärchenbaum enthält viel Harz, was das Mühlrad wasserdicht macht. Vom Stamm wird ein gut 2 m langes Stück herausgeschnitten. Es wird ein Jahr lang getrocknet. Der Radbau dauert etwa 2-3 Wochen und ein solches Wasserrad hält dann gut 50 Jahre lang[74]. Die Räder wurden oft mit Bienenwachs eingelassen und mit Speck [Fett] geschmiert.

So funktionierte die alte Bauernmühle:

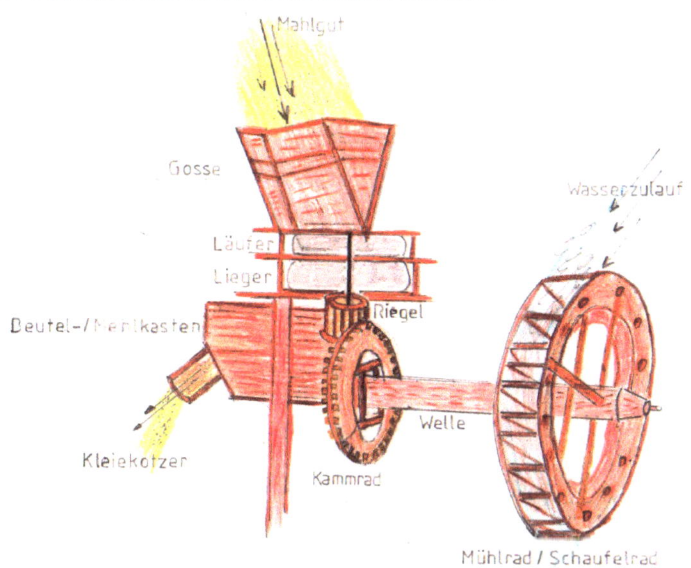

Abb. 12: Bestandteile einer Bauernmühle[75]

Das **Mühlrad [Schaufelrad]** wurde vom Wasser angetrieben und drehte sich. Von der Mitte des Wasserrades[76] führte der **dicke Wellbaum**[77][Welle] waagrecht in den Mühleninnenraum hinein. Parallel zum Wasserrad lief das Kammrad[78]. Es hatte sog. »Zähne«, die griffen in ein »Stockrad« [Riegel[79]] ein und setzten es in Bewegung. Diese »Übersetzung[80]« trieb den darüberliegenden Mühlstein [Läufer[81]] an. Wenn sich das untere Stockrad drehte, drehte sich auch der darüberliegende Stein [Läufer] automatisch mit[82].

---

[74] vgl. Funada, 2009, 95
[75] vereinfachte Darstellung

Der sog. »Lieger« war der untere, liegende, also ruhende Mühlstein. Dieser war fest montiert. »Mittels Kamm- und Stockrad [Riegel] wandelte sich die vertikale gemächliche Bewegung des Wasserrades in die horizontale und viel schnellere Bewegung[83] des Mühlsteines um.«[84] Die über der Maschine hängende »Gosse« [Vorrichtung zum Einlauf des Mahlgutes oder Trichter] gibt den Mühlsteinen immer das Getreide zu[85].

In die »Gosse« wurde das Mahlgut [Korn] eingeworfen und goss das Mahlgut zwischen die Mühlsteine. Das Korn wurde gemahlen und danach in den Beutel- oder Mehlkasten transportiert. In diesem Kasten befand sich ein Beutelschlauch[86] der gebeutelt/gerüttelt[87] wurde. Das Mahlgut wurde dadurch »gesiebt«. Das Mehl fiel durch das Tuch in den Mehlkasten, die Kleie wurde im Schlauch weitertransportiert und durch den »Kleiekotzer« abgeleitet. Das Mehl konnte anschließend aus dem Mehlkasten entnommen werden.

Abb. 13: Einzelszene aus *Max und Moritz von* Wilhelm[88] Busch[89]
[Der Müller guckt von oben in die Gosse. Aus dem Kleiekotzer rieselt die Kleie.]

Solche Bauernmühlen mahlten Korn für den Bedarf auf dem Hof aber auch Futtergetreide für das Vieh. Es gab in jenen Tagen viele kleine Mühlen, die in Betrieb waren. Zur Erntezeit waren es dann doch oft nicht genug. Denn wenn das Getreide gedroschen wurde, wollten alle gleichzeitig mahlen, bevor der Winter die Mühlbäche zufror und das Mahlen dann unmöglich machte. Aus diesem Problem heraus dürfte wohl der Spruch »Wer zuerst kommt, mahlt

---

[76] Antriebsrad, unterschlächtig oder oberschlächtig
[77] Holzstange, meist ganzer Baumstamm
[78] In der Müllersprache heißen die Zähne »Kämme«.
[79] ein Getriebekäfig, in den das Kammrad eingreift
[80] diese Form der ineinandergreifenden Bewegung wird oft Übersetzung genannt
[81] der Läufer ist der obere, sich drehende Mühlstein
[82] vgl. Renold, et.al. 2008, 12
[83] Der Mahlstein dreht sich durch die Übersetzung im Riegel etwa fünfmal so schnell. (vgl. Funada, 2009, 96)
[84] Renold, et.al. 2008, 12
[85] vgl. Zettl, 1992, 19
[86] ein etwa 1-1,5 m langer Schlauch aus »Beuteltuch« oder Seide
[87] Ein sog. »Dreischlag« [montiert unter dem Stockrad/Riegel] erzeugte die Rüttelbewegung des Mehlbeutels. (vgl. Wiesauer, 1999, 22)
[88] Heinrich Christian Wilhelm Busch
[89] Wilhelm Busch *1832, †1908 Mechtshausen, humoristischer Dichter, Zeichner, schuf satirische Bildergeschichten mit großem Bekanntheitsgrad, auch: Pionier des Comics, sehr bekannt: Max und Moritz u.a., viele seiner Redewendungen sind heute noch bekannt, bspw. »Dieses war der erste Streich, doch der zweite folgt sogleich.«

zuerst!« entstanden sein. »Es ist eine in alten Gesetzessammlungen überlieferte Vorschrift, die besagt, dass derjenige, der sein Getreide zuerst in der Mühle abliefert, ein Anrecht darauf hat, dass es auch zuerst gemahlen wird.«[90]

Engpässe beim Mahlen begünstigten wohl das Entstehen von vielen kleinen Bauern- und Gebirgsmühlen um Wartezeiten nach der Ernte zu vermeiden.

Der große Fortschritt

1760 baute Smeaton[91] in England die ***erste Dampfmühle***. 1795 wurde nach den Plänen von Oliver Evans[92] in Amerika, am Okkoquamfluss (Virginia), die ***erste vollautomatische Getreidemühle*** gebaut[93], und 1797 erfuhr man in Europa von den großen Fortschritten in Amerika:

... in Virginia, am Okkoquamfluss wurde eine Getreide-Wassermühle gebaut, die alle Mahlarbeit selbst verrichtet. Die Mühle hätte 3 Wasserräder und 6 Paar Steine gehabt und angeblich musste man das Getreide nicht mehr die Treppen hinaufschleppen, um es in den Rumpf zu füllen. »Die Maschine schaffte es durch ganz einfache Maschinerien selbst hinauf!« hieß es. Das Korn wurde hinaufgezogen bis auf den obersten Boden und in die dortigen Speicher verbracht, wo es entweder aufbewahrt oder auf die Mühlsteine geleitet wurde. Dort hieß es, »..schwingt man das Getreide nicht mit der Hand, eine Arbeit welche sehr ermüdend ist, die Mühle selbst fegt und fochert ihr Getreide so rein als nur möglich, bevor sie es sich aufschüttet,« die Steine laufen nie leer und die Mühle selbst bringt alles an ihren Ort, selbst das Mehl am Ende in seine Mehlfässer ... [94]

Berichtet wird hier von der ***ersten automatisierten Mühle***[95]. Alle Transporte erfolgen automatisch, in waagerechter Richtung durch Leitern (Schnecken), und in senkrechter Richtung durch Heber (Paternosterwerke oder Elevatoren) mit Bechern aus Büffelleder, Holz oder Eisenblech.[96]

Die amerikanische Mühle hatte bereits vier übereinander liegende Stockwerke, die europäischen Wassermühlen arbeiteten immer noch mit maximal zwei.

Der Erfinder dieser ***neuen Müllereimaschinerien*** war der nordamerikanische Müller und Mühlenbauer Oliver Evans. Wenn auch die Einzelteile der automatisierte Mühle hier und dort schon länger bekannt waren, zu einer einzige Maschine zusammengesetzt wurden sie erstmals von Oliver Evans in Amerika.

Obwohl bis ins 19. Jh. hinein mehr oder weniger noch griechisch-römisch gemahlen wurde und 1909 in Deutschland sogar noch ca. 13000 Windmühlen in Betrieb waren, war die nun folgende ***industrielle und landwirtschaftliche Revolution*** nicht mehr aufzuhalten. Eine neue Mahltechnik, nämlich die »***Hochmüllerei***« eroberte die Mühlen und die vielen neuen Erfindungen, von der Dampfmaschine[97], über Verbrennungsmotoren bis hin zu Elektromotoren und nicht zuletzt die ***Erfindung der Eisenbahn*** läuteten das Ende der Wind- und Wassermühlen ein.

---

[90] Funada, 2009, 98 [nach Duden – Deutsches Universalwörterbuch (2003): unter »mahlen«.]
[91] John Smeaton, *1724, † 1792, englischer Ingenieur
[92] Oliver Evans *1755 Newport, Delaware; † 1819 Pittsburgh, Erfinder, Unternehmer, Konstrukteur von Mühlen, Förderanlagen und anderer dampfbetriebener Maschinen und Fahrzeuge
[93] vgl. Gleisberg, 1956, 7
[94] vgl. Gleisberg, 1956, 54-55
[95] Der Erfinder dieser Megamaschine konstruierte sogar eine Maschine, die der Mehlkühlung diente.
[96] vgl. Gleisberg, 1956, 55
[97] 1769 meldete der Engländer James Watt sein Patent auf die Dampfmaschine an und 1782 gab es eine für die Industrie nutzbare Dampfmaschine mit einer Leistung von 20 PS (Pferdestärken)

Mit den neuen Technologien wurden leistungsfähigere Mühlenmaschinen entwickelt und es entstanden kleinere und größere[98] *Kunstmühlen.*[99] Das Neue an diesen Mühlen war erstmals die Verwendung *von Eisen für die Wellen und Zahnräder* anstelle von Holz.[100]

1826 konstruiert ein Franzose[101] ein waagerechtes Wasserrad[102] und nennt es »Turbine«.

Mit dieser durch Henschel (Deutschland) 1837 und Francis (Amerika) 1849 weiter ausgebauten und verbesserten Wasserturbine[103] hatte die Müllerei auf einmal eine Wasserkraftmaschine erhalten, die den alten unter- und oberschlächtigen Wasserrädern weit überlegen war.[104]

Die nun folgenden »eisernen Walzenstühle« verbesserten die Mahl- und Mehlqualität und machten die *Produktion von feinem, weißem Mehl* möglich.

Da kleinere Mühlen oft nicht über das benötigte Kapital verfügten, um eine Umrüstung auf die neue Technik mit den Walzenstühlen durchführen zu können, mussten sie schließen. Viele kleine und mittlere Mühlen *schlossen ihre Türen für immer*.

Einige wenige Mühlen vergrößerten und modernisierten sich. Meist erhielten sie sogar einen eigenen Bahngeleiseanschluss und stellten bald *große industrielle Anlagen* dar. Wer ging und wer blieb, hing sicher auch von der Lage der Mühle ab [gute Anbindung an Verkehr[105] möglich oder nicht], aber auch von den finanziellen Mitteln, die der jeweilige Besitzer zur Verfügung hatte.

Es blieben seitdem *wenige Großbetriebe*, die mit modernen technischen Anlagen prozessautomatisch und fabriksautomatisch, das bedeutet *komplett elektronisch gesteuert*, in kurzer Zeit enorme Mengen Getreide vermahlen können.[106] In der größten Mühle der Schweiz[107] werden beispielsweise *täglich 750 Tonnen Weizen* verarbeitet.[108]

Ab nun wurde im großen Stil produziert. Die Maschine wird zum Ausdruck der Leistung des Menschen[109] und alles entwickelt sich von der »Arbeit« hin zur »Leistung«.

Die Dirnbacher Mühle durchlebte eine ähnliche Entwicklung.

---

98 Das waren erst mehrstöckige Wassermühlen, später dann mehrstöckige [erst mit Dampfkraft betriebene] Großmühlen, danach [mit elektrischer Energie betriebene] hochmechanisierte Industriemühlen. (vgl. Renold, 2008,16)

99 vgl. Amann, 2016

100 vgl. Gleisberg, 1956, 57

101 Bourdin Claude, französischer Ingenieur

102 nach dem Vorbild des Löffelrades

103 In Deutschland wurde die erste »Francisturbine« 1873 von der Firma J. M. Voith in Heidenheim (Brenz) gebaut. Sie trat ihren Siegeszug gegen Ende den 19. Jh. in Mitteleuropa an, vor allem bei den vielen kleineren und v.a. mittelgroßen Mühlen. (vgl. Gleisberg, 1956, 58)

104 vgl. Gleisberg, 1956, 58

105 ab 1840 weitete sich das Bahnnetz in Europa enorm aus

106 vgl. Renold, 2008,16

107 Swissmill Zürich

108 vgl. Renold, 2008,16

109 vgl. Brandstetter, 1980, 307

Die Dirnbacher Mühle, eine Lohnmüllerei

Die **Mühle in Gloggnitz**, Hauptstraße 49[110] gibt es schon seit mehr als 350 Jahren. Sie wurde erstmals 1666[111] urkundlich erwähnt und bestand damals aus einem Backhaus, der Mühle und einem kleinen Garten. Danach führten mehrere Personen (Bäcker- u/o Müllermeister) die Mühle und die Bäckerei.

1733 wurde das Mühl- und Backhaus um 1.868 fl.[112] erkauft[113].

1855 erwarben Michael und Maria Mangold das Haus um 11.000 fl. C.M.[114]

Die Mühle bestand aus zwei hölzernen Wasserrädern (Einsiedlerräder), zwei deutschen Mühlsteinen und zwei Beutelkästen. Die Mühle wurde **als Lohnmühle betrieben**, erzeugte jedoch hauptsächlich den Bedarf für das Backhaus. Dort wurde Schwarz- und Weißgebäck erzeugt. Das Mahlverfahren auf dieser Mühle nannte man **Flachmüllerei**[115].

Flachmüllerei bedeutet, dass die Mahlsteine mit großer Kraft und starkem Druck das Mahlgut rasch und kraftvoll zerquetschen und zermahlen, **wie in unserem Mahlgang** auf **Seite 14** beschrieben.

Die meisten Mühlen in der Buckligen Welt waren bäuerliche Hausmühlen[116], die nur für den erweiterten Eigenbedarf arbeiteten.[117]   Die Dirnbacher Mühle war jedoch bereits eine **moderne Lohnmüllerei**, die das Getreide gegen einen fixen Mahllohn bzw. gegen einen zurückbehaltenen festgesetzten Teil mahlte.

Von der Flachmüllerei zur Hoch- und Kunstmüllerei

1864 wurde die Mühle umgebaut, es entstand ein **Mahlsystem für Handels- und Hochmüllerei**, eine sog. **Kunstmüllerei**. Die hölzernen Wasserräder wurden durch ein großes eisernes Wasserrad ersetzt. Die deutschen Mühlsteine wurden durch französische Mühlsteine abgelöst und anstelle der Beutelkästen traten Mehlzylinder. 1878 wurden mehrere Walzenstühle aufgestellt. 1883 ging die Mühle in den Besitz von **Josef Dirnbacher** sen. (Schwiegersohn der Familie Mangold) über.

Bis 1906 wurde die Mühle ausgebaut: neue Walzenstühle und eine Grießputzmaschine wurden aufgestellt. Auch die Bäckerei wurde mit der Anschaffung eines Dampfbackofens, einer Teigmischmaschine, eines Sauerrührers und einer Mehlsiebmaschine bedeutend vergrößert.[118]

1883 wurde eine elektrische Lichtmaschine eingebaut. Sie war die erste in der Gegend. Bis 1900 wurde zusätzlich eine 6 PS Hilfsmaschine mit Benzinmotor verwendet. Danach wurde ein 12 PS System Renauer aufgestellt.

---

[110] damals auch Hausnummer 51
[111] 1666: haben Georg und Magdalena Gräbinger das Backhaus, die Mühle und ½ Lehen mit kleinem Garten beim Haus erblich übernommen. Der Sohn (Josef Gräbinger) war um 1700 Marktrichter von Gloggnitz. (vgl. Gloggnitzer, 1980)
[112] *fl* war eine gebräuchliche Abkürzung für die Währung *Florin*, dessen Herkunft Florenz, Italien, war, wo der *fl* 1252 erstmals geprägt worden war. »Gulden« ist die deutsche Bezeichnung für Florin. 1 Taler = 1 Gulden (*fl*) und 30 Kreuzer
[113] Um etwa 1800 verdiente ein Handwerksmeister (Schuster) etwa 100 Taler, ein Bäckermeister etwa 300 Taler jährlich. Gesellen verdienten 40-60 Taler, Dienstboten bis 80 Taler jährlich. (vgl. Jursitzky, 2016)
[114] Die Währung in Österreich von 1753 bis 1858: Konventionswährung (Abkürzung war C.M.), fl. = Gulden, kr. = Kreuzer, 1 Taler = 2 Gulden (fl. C.M.) = 120 Kreuzer, 1 Groschen = 3 Kreuzer (vgl. Jursitzky, 2016)
[115] vgl. Gloggnitzer, 1980
[116] Die Mühlen des Weinviertels hingegen waren oft schon größere Lohnmühlen.
[117] vgl. Galler, 2013, 56
[118] vgl. Gloggnitzer, 1980

Die Mühle wurde komplett renoviert und ***wurde zur »Kunstmühle«***.

Das eiserne Wasserrad wurde durch eine Spiralsaugturbine abgelöst. Drei ***moderne, eiserne Doppelwalzenstühle*** ersetzten die früheren Walzenstühle älteren Systems. Statt der bisherigen 26 Mehl- und Schrotzylinder wurde eine moderne, ***freischwingende Plansichtmaschine*** aufgestellt und anstelle der Getreideschüttböden wurde eine damals moderne ***Siloanlage mit einem Fassungsraum für 12 Waggon Getreide*** eingebaut.
Für den Betrieb der Maschinen wurde eine Kopper[119]-Anlage verwendet, als Hilfsmaschine wurde eine 35 PS Sauggasmotorenanlage mit Koksfeuerung verwendet.

Bis 1900 war die Wasserkraft des Weissenbaches (auch Auebach genannt) ausreichend. Weil aber immer wieder zu wenig Wasserkraft da war, wurde im Zuge der Modernisierung nun eine ***Francis-Turbine*** eingebaut. Die Wasserkraft wurde auf eine ***Transmission*** übertragen und die einzelnen Maschinen im Gebäude wurden mit ***Schwungrädern und Riemen*** angetrieben. Es wurden (zusätzlich) Elektromotoren und zeitweise auch eine Dampfmaschine eingesetzt.

Der ***Strukturwandel*** setzte der Mühle immer mehr zu.
Wenige Mühlen wurden immer größer.
Viele kleine Mühlen mussten schließen, weil eine wirtschaftliche Produktion immer schwieriger wurde. Bei der Dirnbacher Mühle kam auch noch der leidvolle Standort ***»mitten im Ortsgebiet«*** hinzu, was die Lieferung des Getreides kompliziert machte, und den Abtransport des Mehls genauso mühsam gestaltete.

1969 wurde die Mühle stillgelegt.
Der Bäckereibetrieb wurde noch bis 1987 weitergeführt.

---

[119] Koppers (anfangs *Heinrich Koppers AG*, später *GmbH*, noch später *Krupp Koppers*), Anlagenbau und Brennstofftechnik, gegründet 1901

Die Reise des Korns durch unsere Mühle

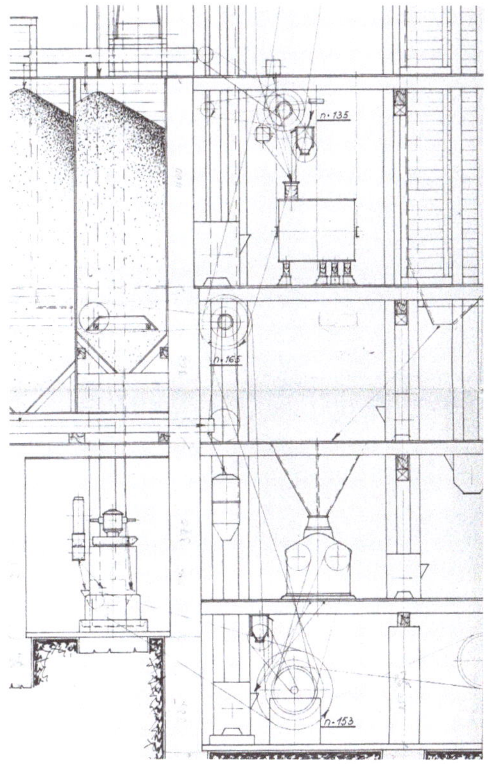

Abb. 14: Planansicht Stockwerke und Hauptelevator

Abb. 15: Hauptelevator bis ins Dachgeschoß

Alle Maschinen in der Mühle bilden »*eine einzige Maschine*«. Eine Mühle ist *ein logistisches Meisterwerk.* Alle Maschinen müssen gut und harmonisch zusammenarbeiten.

Das Getreide wurde angeliefert und abgeladen. Eine Transportschnecke beförderte das Getreide zum *Hauptelevator*. Von dort wurde es nach oben transportiert und im Getreidespeicher zwischengelagert.

In den Getreidespeichern musste das Korn »trocken« eingebracht werden.

Vor der Einlagerung passierte das Getreide noch den »Separator«, eine *Reinigungsmaschine* von geschlossenem Bau.[120] Der Separator entfernte Stroh- und Sandrückstände.

Weiter ging es zur nächsten Maschine: Der »Trieur« ist eine sich *langsam drehende Blechtrommel*, die Innenwand ist voller Ausbuchtungen. Das Getreide kullert und rutscht die Innenwand entlang. In den kleinen Ausbuchtungen werden gebrochene Körner oder Unkrautsamen so weit nach oben mitgeschleppt, bis sie in einem separaten Kanal [oben] aufgefangen und abgeleitet werden können. So sortiert der Trieur alles was größer als ein Weizenkorn ist (z. B. Hafer, Roggen, Gerste oder Mutterkorn) aus.[121]

Auf die Reinigung wurde größter Wert gelegt. »*Wer gut reinigt, mahlt auch gut*,«[122] hieß es.
War das Getreide [vor der Einlagerung] zu nass, musste es getrocknet werden.
War es [vor dem Mahlen] zu trocken, musste es mit Wasser benetzt [befeuchtet[123]] werden.

---

[120] Hier wurden Schädlinge, Unkraut und Fremdkörper aussortiert. Das Korn passierte eine Anzahl schräger Rüttelsiebe, der Schmutz blieb hängen, das Getreide viel durch. Manche Reinigungsmaschinen hatten auch Magnete zur Entfernung von Eisenteilen, die sonst leicht bei dem folgenden Schäl- und Vermahlungsprozess durch Funkenbildung Staubexplosionen hätten hervorrufen können und somit auch Ursache für Mühlenbrände werden hätten können. (vgl. Brandstetter, 1980, 212-213)
[121] vgl. Renold et.al., 2008, 28
[122] Brandstetter, 1980, 212-213
[123] Dadurch wurde der Mehlkern weicher und »mürber«; die Kleie löste sich so besser ab. (vgl. Renold et.al., 2008, 29)

Das jeweilige Korn (Weizen, Roggen etc.) wurde aus dem Speicher entnommen und von oben (durch Fallkraft) über Rohre nach unten in den Walzenstuhl transportiert. Aus der sog. »Reserve«[124] rieselte das Korn in den Walzenstuhl. Ein Walzenstuhl[125] ist eine Maschine von höchster Effizienz und **beherbergt in seinem Bauch mehrere Stahlwalzen**: Die oberste Walze verteilt das Korn, die darunterliegenden beiden Stahlwalzen zermahlen es. Der Schrot bzw. das Halbgemahlene fällt nach unten und wird weiter zu den Elevatoren transportiert.

Abb. 16: Stahlwalzen im Walzenstuhl, Dirnbacher Mühle EG

Links: Abb. 17: **Walzenstuhl auf Walzenboden**, Dirnbacher Mühle EG

Die Erfindung des Walzenstuhls

Der **erste Walzenstuhl** nach dem Italiener Ramelli[126] wird im Jahre 1588 erwähnt[127]. In Wien (Bollinger) werden die ersten Walzenstühle ab 1822 gebaut[128]. Auch in Paris [1923] und in Warschau beschäftige man sich mit dem Bau von brauchbaren (besseren) Walzenstühlen, und selbstverständlich auch in der Schweiz sowie in Budapest.[129]

Doch die europäischen Müller verhielten sich **zunächst ablehnend** gegenüber den neuen Walzenstühlen, zumal viele Erfolgsmeldungen über das amerikanische Vorbild mit den französischen Mahlsteinen vorlagen. Auch Berichte über das reuige Zurückkehren zu den alten Mahlgängen in Bayern wurden laut.[130] Erst der Schweizer Ingenieur Friedrich Wegmann (Zürich) machte den Weg für die Walzenmüllerei frei. Sein erster Walzenstuhl hatte Porzellanwalzen, genauer »geriffelte« Schrotwalzen und »glatte« Walzen für die Grießauflösung. Er meldete dieses Patent 1876 an. Die danach aufkommenden Walzenstühle beruhten alle auf der Wegmannschen Bauart.[131]

---

124 Die Reserve ist der Trichter [Gosse] über der Maschine.

125 Ein Walzenstuhl kann für die Zerkleinerung verschiedenster Schüttgüter verwendet werden. Vor allem aber in der Mehlmüllerei ist er unverzichtbar.

126 Aber angeblich nicht von Ramelli erfunden!

127 In seinem 1588 erschienen Werk »Le diverse et artificiose machine« (erschien 1620 in deutscher Übersetzung) beschrieb er die Art einer Müllerei, bei der ein Mann alleine und »gantz leichtlich« mahlen konnte. (vgl. Gleisberg, 1956, 59-60)

128 Die ersten Stühle wurden 1839 in der Pester Josefs-Walzenmühle geliefert, gebaut vom Züricher Ingenieur Sulzberger [1834]. Er ordnete in seinem Stuhl drei Walzen übereinander an. Die kleinen Walzen (6 Zoll Durchmesser), aus Gusseisen, später aus Gussstahl, waren fein geriffelt. (vgl. Gleisberg, 1956, 60)

129 vgl. Braunschweig, 1927, 46, 48

130 vgl. Gleisberg, 1956, 60

131 vgl. Gleisberg, 1956, 60-61

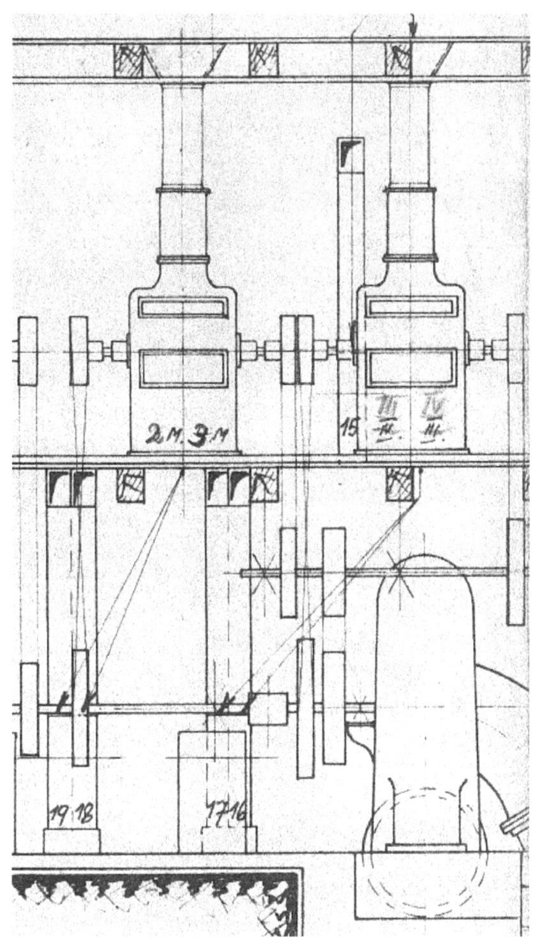

Nun war (Ende des 19. Jh.) die Bahn frei für die *allgemeine Einführung der Walzenmüllerei*:

Die Walzen lassen sich schneller auswechseln als die Steine der Mahlgänge, der Kraftbedarf wurde geringer, weil das Korn nur einmal vom Walzenpaar ergriffen werden musste, die *Ausbeute an feinen Mehlen stieg*, da das Getreide bei den Schrotungen weniger zerrieben als zerschnitten wurde und es entstanden mehr Grieße, die sich ihrerseits wiederum leichter von der Kleie putzen ließen und dann bei der Vermahlung hellere Dünste und Mehle lieferten.[132] Und *weißes, feines Mehl* war das, was man wollte.

Die Dirnbacher Mühle war damals eine moderne Walzenmühle und es arbeiteten 1906 sechs Walzenstühle nebeneinander.

Abb. 18: Walzenstühle, Transmissionsantrieb und Turbine, Planansicht, Dirnbacher Mühle

Die Turbine treibt mittels Transmission alle Maschinen der Mühle an.

Der Antrieb

Die Turbine setzt sämtliche Maschinen der Mühle in Betrieb. Dies geschieht mit *Transmission*, das ist »mechanische *Kraftübertragung mittels Riemen*, Riemenscheiben [Räder] und Wellen [eiserne Stangen]«.
Mit unterschiedlich großen Riemenscheiben wird die Geschwindigkeit [mit der sich die einzelnen Anlagen bewegen] geregelt und gesteuert. Von großen zu kleinen Riemenscheiben wird die Drehzahl erhöht [wie bei unserer »Bauernmühle« siehe *Seite 19*, Abb. 12], man nennt das »Übersetzung«. Von kleinen zu großen Riemenscheiben wird die Geschwindigkeit gedrosselt, das nennt man »Untersetzung«.[133]

Vom Kornlift und der Schnecke

Das Mahlgut musste viele Male hinauf und hinab transportiert werden. Hinunter fiel es von selbst. Hinauf beförderte man es mit einem »*Kornaufzug*« [Kornlift]. Das Mahlgut wurde in »Bechern« in einem »Elevator« [Gurtbecherwerk] nach oben transportiert. Diese *Elevatoren liefen in Holzröhren*, ihre Becher schöpften im Erdgeschoß Mahlgut und brachten dieses bis hinauf unter das Dach und von Maschine zu Maschine. »Bergab und zu Tal lief das Getreide von selbst und im Gehorsam des Fallgesetzes und der Gravitation.«[134]
Musste das Korn horizontal transportiert werden, wie etwa bei der *Anlieferung* [siehe *Seite 25*], so geschah das mittels »*Förderschnecke*«. Das ist eine Blechspirale, die sich in

---

[132] vgl. Braunschweig, 1927, 48
[133] vgl. Renold, et.al., 2008, 25
[134] Brandstetter, 1980, 152

einem Holzkanal dreht [ähnlich einer Schraube] und so das Getreide oder Mahlgut horizontal oder leicht schräg aufwärts schiebt.[135]

In heutigen modernen Mühlen wird das Getreide oder Mehl hingegen vom Luftstrom fortgerissen und kreuz und quer durch die Mühle geblasen. Dieser *pneumatische[136] Transport* [erstmals in der Schweiz[137]] stellt gegenüber der alten Beförderungsart mittels Elevatoren eine Revolution dar.[138] Die Produkte [Getreide, Schrot und Mehl] werden, statt mit den »alten« Schnecken und Elevatoren mit einer durch nahtlose Stahlröhren geleiteten *Schwebeluft befödert.*[139]

In der Dirnbacher Mühle wurde jedoch nicht mehr pneumatisch transportiert.
Hier transportierten das Mahlgut *an einem Gurt befestigte Becher* vom Walzenboden (Erdgeschoß, EG) wieder ganz hinauf in das Dach der Mühle.
Von dort gelangte das Halbgemahlene in den Plansichter auf dem Sichtboden (2. Stock).

Abb. 19: *Elevator oder Gurtbecherwerk,*
Dirnbacher Mühle, Walzenboden, EG

Das Sichten (Sieben)

Da sich die Mühlenleistungen nach der Einführung der Hochmüllerei enorm steigerten, mussten auch die Siebvorrichtungen verbessert werden.
Ab 1880 wich der Zentrifugalsichter dem Plansichter, denn in Budapest kam eine Sichtmaschine auf den Markt, die die *sanfte Bewegung des Handsiebens* nachahmte. Die neue Maschine peitschte das Mehl nicht mehr hin und her wie der Zentrifugalsichter sondern *wiegte und siebte das Mahlgut sanft und schonend hin und her.*[140]

---

[135] vgl. Renold, et.al., 2008, 27
[136] Pneumatik kommt vom griechischen »pneuma«, d.h. »Atem«, »Luft«, aber auch »Geist«. (vgl. Brandstetter, 1980, 153)
[137] Die pneumatische Mahlgutbeförderung wurde während des Zweiten Weltkrieges [1939 bis 1945] in der Schweiz entwickelt.
[138] »Und während ringsum in Europa der Tod die größte Ernte hielt [Zweiter Weltkrieg], blies die Firma Egli in Pfäffikon bei Zürich mit Hilfe ihres pneumatischen Förderautomaten mit Exhaustoren, Abscheidern, Schleusen und Filtern das Getreide zum ersten Mal pneumatisch und luftig durch ihre Mühle.« (Brandstetter, 1980, 152-153)
[139] vgl. Brandstetter, 1980, 152-153
[140] vgl. Braunschweig, 1927, 48-49

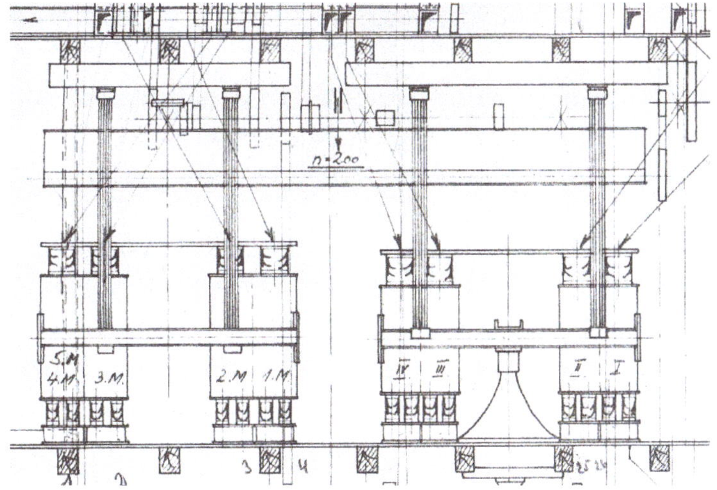

Abb. 20: Plansichter, Planansicht, Dirnbacher Mühle

1894 kam die Idee des *Freischwingens* auf und so kamen nach der Renovierung
in der Dirnbacher Mühle zwei *Zweikasten-Plansichter*[141] mit *Oberantrieb* mittels Pendelwelle[142] zum Einsatz.

Die Plansichter hängen an **dünnen, biegsamen Bambusstäben**.
Solche Aufhängungen aus Rohr- oder Bambusstäben sind durchaus auch heute noch in modernen Mühlen üblich.

Der *Plansichter* verfügt auf beiden Seiten über *15 Lagen*; oben befinden sich die groben Siebe, weiter unten die feinen Siebe. Die feinsten Siebe sind mit Industrieseide bespannt und so fein, dass ein menschliches Haar gerade noch hindurch gesteckt werden könnte.[143]

Nach jedem Vermahlungsschritt wird das zerkleinerte Mahlgut abgesiebt und sortiert.

Die Vermahlungsschritte sind:
Grober Schrot, feiner Schrot, grober Grieß, feiner Grieß, Dunst, Mehl.

Ein Plansichter *sortiert und siebt, sortiert und siebt*, solange, bis das Endergebnis [feines weißes Mehl] erreicht ist. Feines weißes, glattes Mehl benötigt etwa *20 - 22 Mahlgangdurchgänge* und nur was durch das feinste Sieb schlüpft, wandert auch in den Mehlsack. Alle anderen Teile kommen immer wieder ein weiteres Mal auf die Mühle.

Das bedeutet, das Mahlgut durchläuft 20 - 22 mal den Walzenstuhl, wird genauso oft vom Elevator nach oben transportiert um den Umweg über den Plansichter und seinen Sieben wieder nach unten in den Walzenstuhl zum nächsten Mahlgang zu machen.

Ein solch` kompliziertes Handwerk verdient wahrlich die Bezeichnung *Kunsthandwerk*, demnach die Bezeichnung »*Kunstmühle*«.

Abb. 21: Plansichter, Dirnbacher Mühle, Sichterboden, 2. Stock

---

141 Fabrikat Müllner (Burgau/Stmk.)
142 Fabrikat Fiebinger (Graz)
143 vgl. Renold et.al., 2008, 32

Grießputzmaschine

Manchen Plansichtern waren »**Grießputzmaschinen**« vorangestellt [ein Arbeitsschritt *vor dem Plansichter*], um die »Kleie« [Schalenteile] von den »Grießen« zu trennen.
Die hellen Grießteile sind schwerer als die dunkle Kleie [Schalenteile].
Der Plansichter konnte nur der Größe nach sortieren (nicht dem Gewicht nach). Diesen Arbeitsschritt des ***Trennens von Kleie und Mehlkörper*** übernahm die Grießputzmaschine durch einen Luftstrom, der über die Siebe im Inneren der Grießputzmaschine hinweggeblasen wurde. Der ständig anhaltende leichte Windstoß verhinderte das Durchfallen der Kleieteile durch das Sieb.[144]
Die schwereren Mehlkörper [Grieße] hingegen fielen durch das Grießputzmaschinensieb und wanderten weiter in den Plansichter.

Die ganze Maschinerie

Jede einzelne Maschine wurde durch Riemen angetrieben, die über die Transmission liefen, diese wiederum wurde von den Schwungrädern angetrieben. Die Francis-Turbine im Unterwasserbereich unter der Mühle trieb die Turbinenwelle an, diese trieb die Haupttransmission der Mühle an und von dort übertrug sich der Antrieb über Räder und Riemen auf jede einzelne Maschine in der Mühle.

Abb. 22: Schwungräder der alten Transmission über der Plansichteraufhängung (Bambusstäbe), Dirnbacher Mühle, Sichterboden, 2. Stock

Diese ***kleine technische Welt der Riemen und Röhren*** war mitunter eigenwillig. Das sogenannte »Dreinfahren« nach einem längeren Stillstand war meist schwierig. Die Maschinen wollten meist die mühevolle Arbeit nur schwer wieder aufnehmen und verhielten sich manchmal widerspenstig. Wenn ***die ganze Maschinerie*** erst einmal steht, dann steht sie. »Wer rastet, der rostet« heißt ein Sprichwort, das in der Mechanik sehr oft auch gilt. »Wenn eine Maschine oder ein Fahrzeug erst einmal in Gang gesetzt ist und läuft, dann bleibt sie oder es auch nicht mehr ohne weiteres stehen. Jetzt kommen die Wucht, die Fliehkraft und der Schwung zur Wirkung und helfen über manches hinweg, auf diese Weise werden auch schwächere Teile im Ensemble mitgerissen. Und sie bewegt sich doch![145] Oft braucht es nur einen Anstoß. Ist aber der Start gelungen, so weiß sich die Maschine [und der Müller] schon zu helfen.«[146]

---

[144] vgl. Renold et.al., 2008, 31
[145] nach dem großen Galileo Galilei, *1564, † 1642, Florenz
[146] Brandstetter, 1980, 72-73

So beschreibt Alois Brandstetter die *Eigenwilligkeiten von Mühlenmaschinerien* in seinem wortgewaltigen, gescheiten und mitreißenden Roman »Die Mühle«, und man hätte keine besseren Worte der Beschreibung finden können, wie ich meine, und er schreibt weiters: » ... in einer Mühle [..] müssen nicht nur die einzelnen Teile einer Maschine miteinander kongruieren, sondern die Maschinen müssen untereinander und miteinander zusammenspielen, keine darf die andere über- oder unterfordern. Eine Mühle muss wie ein *Symphonieorchester* gut instrumentiert sein.«[147]

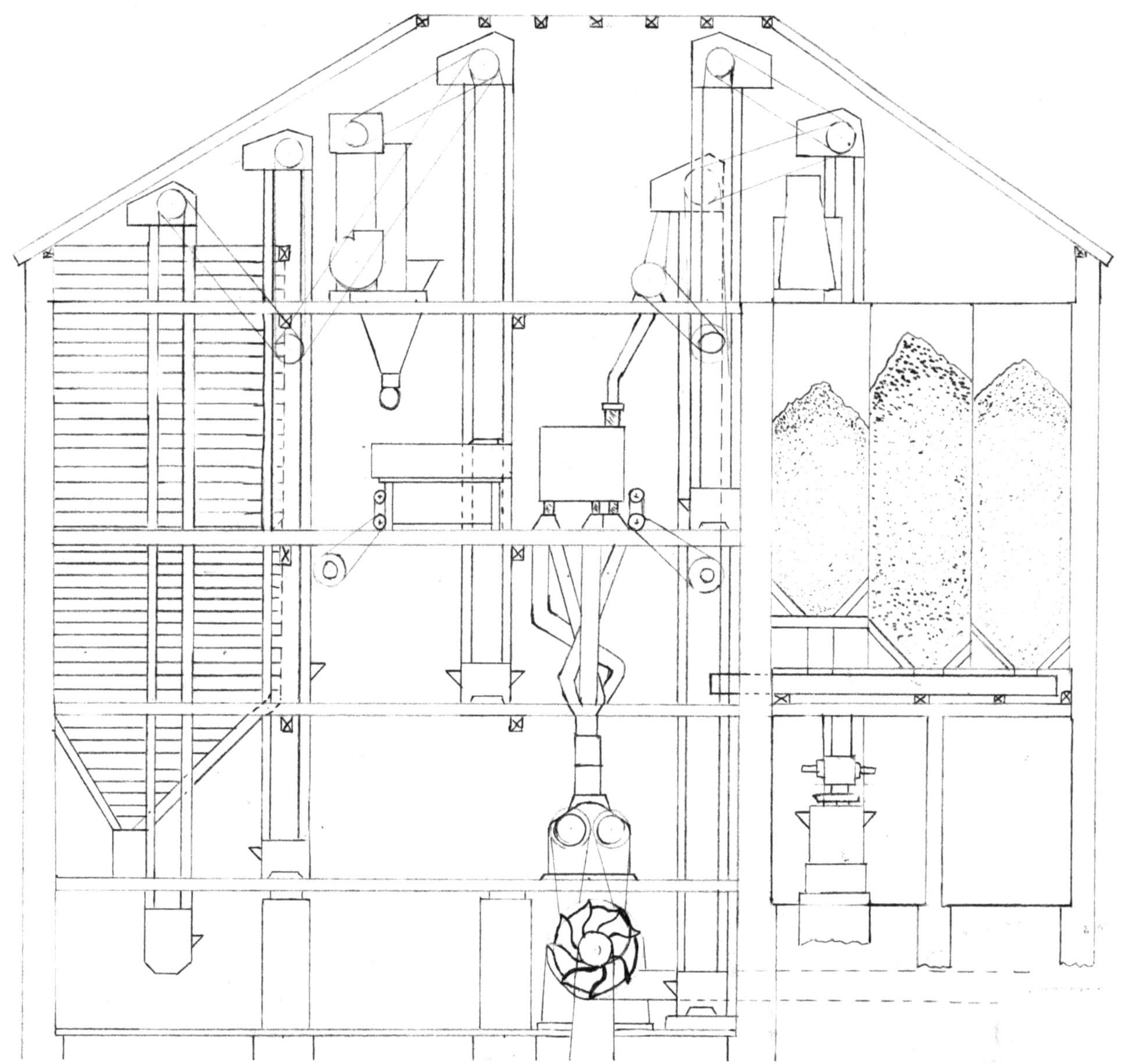

Abb. 23: schematische [vereinfachte] Darstellung der Dirnbacher Mühle

Betrachtet man die Mühle im Ganzen wird klar, dass *alle Maschinen zu einer Maschine verschmelzen.*

UG mit Francis-Turbinenantrieb, EG ist Walzenboden, Mittelgeschoß, 2. Stock ist Sichterboden, Dachgeschoß;
links: Holzkammernsilo für Mehllagerung, rechts: Getreidespeicher/Getreidesilo [ist heute **KLETTER-FUN-PARK**], links davon: Hauptelevator

---

147 Brandstetter, 1980, 97

Die Backstube

Am *Ende der Kette* »vom Korn zum Brot« steht der Bäcker. Er vollendet die Arbeit der Bauern und der Müller.

In vielen Mühlen waren auch Backstuben untergebracht. Auch in der Dirnbacher Mühle lag die *Backstube direkt neben der Mühle* und über dieses Reich herrschte der Bäcker mit seinen Gesellen, Gehilfen und Gehilfinnen. Von Montag bis Samstag wurde täglich gebacken. Als Triebmittel für den Teig diente der »Sauerteig«. Dieser verhalf den Broten zum Aufgehen. Die Brote wurden in »Simperln[148]« zum Rasten gelegt bevor sie in den Ofen kamen.
Täglich wurde eine stattliche Anzahl an runden und länglichen Brotlaiben in den riesengroßen mit Holz befeuerten Backofen »eingeschossen«. Mit langen flachen Holzschaufeln schoben sie die Brote dicht nebeneinander in die Gluthitze des riesigen Backofens. Das Heizen des Ofens war schwere Arbeit. Es bedurfte viel Erfahrung, möglichst jenen Zeitpunkt zu bestimmen, an dem die Temperatur genau richtig war.
Im Bäckereigeschäft neben der Backstube wurden die Brote, Semmeln und Backwaren direkt verkauft.

1987 wurde der Bäckereibetrieb in der Dirnbacher Mühle stillgelegt.

---

[148] ein aus Stroh geflochtes, längliches oder rundes Körberl

Abb. 24: Korn zum Ausmalen, Falten und Ausschneiden[149]

---

[149] Male das Innere eines Getreidekorns in Farben aus. anschließend kannst du das Blatt aus dem Heft herausschneiden, in der Mitte falten und das Korn ausschneiden.

Das Wandern ist des Müllers Lust

Abb. 25: Gedicht geschrieben [1821] von Wilhelm Müller[150]
vertont vom österreichischen Komponisten Franz Schubert[151]
populär durch Carl Friedrich Zöllners[152] [1844] **volksliedhafte Melodie**

Das Wandern ist des Müllers Lust,
das Wandern.
Das muß ein schlechter Müller sein,
dem niemals fiel das Wandern ein,
das Wandern.

Vom Wasser haben wir's gelernt,
vom Wasser:
Das hat nicht Rast bei Tag und Nacht,
ist stets auf Wanderschaft bedacht,
das Wasser.

Das sehn wir auch den Rädern ab,
den Rädern:
Die gar nicht gerne stille stehn,
die sich mein Tag nicht müde drehn,
die Räder.

Die Steine selbst, so schwer sie sind,
die Steine,
sie tanzen mit den muntern Reih'n
und wollen gar noch schneller sein,
die Steine.

O Wandern, Wandern meine Lust,
o Wandern!
Herr Meister und Frau Meisterin,
laßt mich in Frieden weiter ziehn
und wandern.

---

[150] Johann Ludwig Wilhelm Müller *1794, † 1827, deutscher Dichter
[151] Franz Peter Schubert *1797, † 1828, Wien, österreichischer Komponist, starb früh, hinterließ aber ein vielfältiges Werk, komponierte hunderte Lieder, Sinfonien, Ouvertüren u.v.a.m., Vertreter der frühen Romantik
[152] Carl Friedrich Zöllner *1800, † 1860, Leipzig, deutscher Komponist

Beantworte die Fragen und löse das Mühlenkreuzworträtsel:

1. Alle Getreidesorten gehören zur Familie der .. ?
2. Wie wurde das Einkorn noch genannt?
3. Worin ist jedes Korn gehüllt?
4. Wie heißt die im Korn befindliche Anlage für die nächste Pflanze?
5. Wo stecken Eiweiß und Stärke?
6. Wichtig(st)e Getreidesorte?
7. Wie heißt der fix montierte untere Mühlstein?
8. Wie heißt der bewegliche obere Mühlstein?
9. Wie hießen die römischen Drehmühlen, die von Tieren angetrieben wurden?
10. Die in Pompeji gefundenen Mühlen haben die Form einer .. ?
11. Wer erfand die Schiffsmühle?
12. Wie hieß Europas erste Windmühle?
13. Die Holländerwindmühle hat eine drehbare .. ?
14. Des Windmüllers größtes Problem war der .. ?
15. Woher stammt unsere alte Bauernhausmühle?
16. Worauf drehen sich Mühlrad und Kammrad?
17. Wohin guckt der Müller aus Max und Moritz?
18. Wer zuerst kommt, ... zuerst!
19. Wo stand die erste voll-automatisierte Getreidemühle?
20. Die Dirnbacher Mühle war eine moderne .. ?
21. Ein Walzenstuhl beherbergt in seinem Bauch mehrere .. ?
22. Wie nennt man einen Kornaufzug?
23. Unser Plansichter hängt auf .. ?
24. Die Dirnbacher Mühle ist eine .. ?
25. Am Ende der Kette vom Korn zum Brot steht der ... ?
26. Wie heißt der oberste Teil des Getreidehalms?

Mühlenkreuzworträtsel:

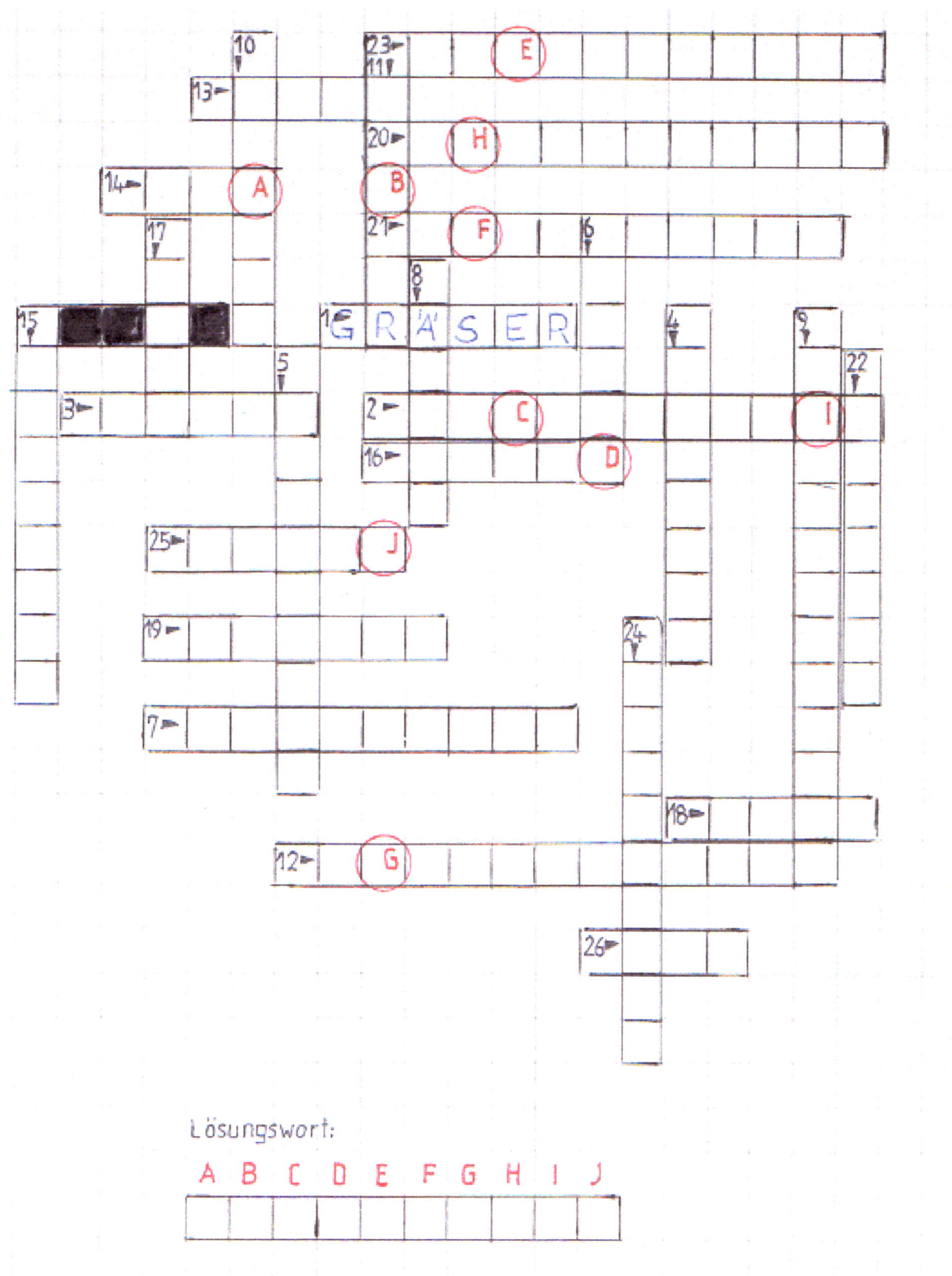

Abb. 26: Mühlenkreuzworträtsel

Was die Dirnbacher Mühle sonst noch zu bieten hat

Wir hoffen, Sie haben nun Lust bekommen mit Ihren Kindern unser Mühlenmuseum zu besuchen. Neben den normalen Führungen bieten wir *individuelle Zusatzprogramme* mit vielen Möglichkeiten an:

Für Erwachsene
- Führungen durch die historische Mühle [Reisegruppen bis 50 Personen]
- Brotverkostungen
- individuelle Programme auf Anfrage
- u.v.a.m.

Für Kinder
- Brotlabor
- Entdeckerparty
- Geburtstagsparty
- individuelle Programme auf Anfrage
- NEU: KLETTER-FUN-PARK
- u.v.a.m.

Für Schulen
- Mühlenführungen, zugeschnitten auf 1., 2., 3. u/o 4. Klasse Volksschule
- Brotlabor (versch. Programme, siehe www.brotundmuehle.at/Info/Programm f. Kinder)
- Brotverkostungen
- u.v.a.m.

Abb. 27: Geburtstagsparty

Abb. 28: Experimente im Brotlabor

Außerdem können Sie unsere *stimmungsvollen Räumlichkeiten* für Ihre individuelle Veranstaltung oder Feier mieten. Vieles ist möglich. *Wir freuen uns auf Ihre Anfrage.*

Buchungskontakt:

Verein **Brot- und Mühlen Lehr-Museum**

http://www.brotundmuehle.at/

Hauptstraße 49
2640 Gloggnitz
Österreich

Tel.: +43/ 2622/ 82 500 30 (Mo-Fr 8:00-12:00)
Fax.: +43/ 2622/ 82 500 35

Abb. 29: Brot- und Mühlen Lehr-Museum
Hauptstraße 49, 2640 Gloggnitz

SPARKASSE
Neunkirchen
„Jössas…
das geht ja
einfach.“
Willkommen beim modernsten
Banking Österreichs.
Jetzt George
erleben!
sparkasse.at/
george
www.neunkirchen.sparkasse.at

Abb. 30: Getreidemandala

Abb. 31: Mühlenmandala

Anhang

Literaturverzeichnis

Berger, Klaus (1993): Manna, Mehl und Sauerteig. Korn und Brot im Alltag der frühen Christen. Stuttgart: Quell Verlag, 1993.

Brandstetter, Alois (1980): Die Mühle. Roman. St. Pölten-Salzburg: Residenz-Verlag, 1980.

Braunschweig (1927): Die Entwicklungsgeschichte der Mühlen. Mit Mühlenzeichnungen von Rüdiger Hagen, Darmstadt, Reprint Verlag Leipzig in der Primus Verlag GmbH, 2012. (Gekürzter Reprint der Originalausgabe Braunschweig 1927)

Der geschichtliche Mühlenbau (2012): Die Entwicklungsgeschichte der Mühlen. Mit Mühlenzeichnungen von Rüdiger Hagen. Reprint Verlag Leipzig, 2012.

Funada, Eiko (2009): BROT. Teil des Lebens. Mit Hausrezepten aus dem Lesachtal (Kärnten). Halle (Saale): mdv Mitteldeutscher Verlag GmbH, 2009.

Funada, Eiko (2013): Tradition und Veränderung. Nach: Fischer, Heike: Laib Brot: Getreide – Mehl – Teig – Laib: Je mehr Namen, desto größer die Bedeutung eines Nahrungsmittels im Alltag; Pixelio. In: Katalog zur Niederösterreichischen Landesausstellung „Brot & Wein", 27.04.-03.11.2013; Schallaburg, Kulturbetriebs.ges.m.b.H., 2013.

Galler, Wolfgang (2013): Unser täglich Brot. Von Bäckern, Müllern und Bauern im Weinviertel. Schleinbach: Edition Winkler-Hermaden, 2013.

Gleisberg, Hermann (1956): Technikgeschichte der Getreidemühle. München: R. Oldenbourg, 1956.

Gloggnitzer, OSR Johann (1980): Lehner und Besitzer der Realität (Kunstmühle und Backhaus) Dirnbacher, Gloggnitz, Hauptstraße Nr. 49, 51; ehemals Jos. Passion Nr. 43/1787, Franzisz. Passion Nr. 66, 67/1817-1824; zusammengestellt 1980.

Gloggnitzer, OSR Johann (1980): Zur Geschichte der Dirnbacher-Mühle in Gloggnitz. Entnommen der Heimatkunde von Gloggnitz, zusammengestellt von Oberlehrer Ferdinand Kuchlbacher, nach Mitteilungen des Herrn Dirnbacher sen., vermutlich zw. 1920-1922.

Heiss, Andreas G. (2013): Korn und Mehl, Brei und Brot. In: Katalog zur Niederösterreichischen Landesausstellung „Brot & Wein", 27.04.-03.11.2013; Schallaburg, Kulturbetriebs.ges.m.b.H., 2013.

Küster, Hansjörg et.al. (1999): KORN, Kulturgeschichte des Getreides. Hansjörg Küster, Ulrich Nefzger, Herman Seidl, Nicolette Waechter (Idee u. Konzeption; u. Mona Müry-Leitner); Salzburg: Verlag Anton Pustet, 1999.

Rapp, Christian et.al. (2013): Brot: Eine Kulturgeschichte zum Aufessen. In: Katalog zur Niederösterreichischen Landesausstellung „Brot & Wein", 27.04.-03.11.2013; Schallaburg, Kulturbetriebs.ges.m.b.H., 2013.

Renold, Karin et.al. (2008): Ohne Mühle kein Brot. Autorinnen: Karin Renold, Franziska Rüttimann, Eva Dietrich. Museum Mühlerama in der Mühle Tiefenbrunnen, www.muehlerama.ch; Zürich: Verlag Pestalozzianum an der Pädagogischen Hochschule Zürich, 2008.

Wiesauer, Karl (1999): Handwerk am Bach. Von Mühlen, Sägen, Schmieden … Innsbruck, Wien: Tyrolia-Verlag, 1999.

Zettl, Walter (1992): In einem kühlen Grunde (Gedichte), Alte Mühlen im Waldviertel, Aquarelle und Collagen von Arnulf Neuwirth, Notizen und Geschichte der Mühlen von Walter Zettl; Kautzen: Radschin-Verlag, 1992.

Internetquellen

Amann, Alois[153] (2016): Stoffels Säge-Mühle: Die Kulturgeschichte der Mühlen, A-6845 Hohenems, http://www.museum-stoffels-saege-muehle.at/kulturgeschichte.html
Abfrage vom 29.04.2016

Camerahumana (2012): Die Retzer Mühlen, veröffentlicht am 12.09.2012
auf: https://camerahumana.wordpress.com/2012/09/12/die-retzer-muhlen/
Abfrage vom 30.04.2016

Jursitzky C. (2016): Familienkunde.at, A-4407 Dietach, aus: Kurze Geschichte Österreichs von Eva Priester, Globus-Verlag, 1949; und aus: Geschichte Österreichs von Görlich-Romanik, Tyrolia-Verlag, 1976, http://www.familienkunde.at/Lexikon_Waehrung_Geld
Abfrage vom 01.05.2016

Kantilli, Günter (2016): Konsulent für Landschafts-Mythologie, Geomantie und Integrative Heimatforschung, Konsulent für Geomantie, Bau- und Elektrobiologie, Radiästhesie: Das Geheimnis der Mühlen, 4211 Alberndorf, auf www.geomantie.at
Abfrage vom 29.04.2016

Wikipedia.org

Abbildungsverzeichnis und Bildquellen

Abb. Cover:	Plansichter, Dirnbacher Mühle, Sichterboden, 2. Stock
Abb. 1:	Müllerwappen, Bayerischer Müllerbund e.V., www.bayerischer-muellerbund.de mit freundlicher Genehmigung vom Bayerischen Müllerbund e.V., München
Abb. 2:	Mais, Weizen, Roggen, Dinkel (li: Mais, ob: Weizen, re: Roggen, un: Dinkel)
Abb. 3:	Schnitt durch ein Korn, Markus Stoll
Abb. 4:	Reibstein mit Läufer, Vulkangestein, 24 x 24,4 x 42 cm, zwischen 2000 und 3000 v.Chr., Tenéré (Termitengebirge), Sahara, Niger, www.museum-brotkultur.de mit freundlicher Genehmigung vom Museum der Brotkultur, Ulm
Abb. 5:	Reibstein, 15 x 16 x 33 cm, mit Läufer, Kalkstein (Reibstein), Granit (Läufer), um 1930, Sudan, Süd-Kordofan, Nuba-Berge, Murta, www.museum-brotkultur.de mit freundlicher Genehmigung vom Museum der Brotkultur, Ulm
Abb. 6:	Handmühle, 32,2 x 35 x 35 cm, Kalkstein, 1800-1899, Algarve, Südportugal www.museum-brotkultur.de, mit freundlicher Genehmigung vom Museum der Brotkultur, Ulm

---

[153] Alois Amann übte selbst, wie seine Vorfahren, die beiden Handwerke Sägerei und Müllerei beruflich aus. Das Freilichtmuseum (Stoffels Säge-Mühle) wurde von 1981 bis 1987 von ihm errichtet.

Abb. 7:   Steinerne Handmühle, aus Stein, Eisen und Holz, 49,5 x 24,7 x 25,5 cm
             www.museum-brotkultur.de, mit freundlicher Genehmigung vom Museum der
             Brotkultur, Ulm

Abb. 8:   Ein Mahlgang besteht aus .. , Markus Stoll

Abb. 9:   Mahlgang, Dirnbacher Mühle

Abb. 10:   Römische Tierdrehmühle, Markus Stoll

Abb. 11:   Unsere Bauernhausmühle ist oft gut besucht .. , Dirnbacher Mühle

Abb. 12:   Bestandteile einer Bauernmühle, Regina Danov und Markus Stoll

Abb. 13:   Einzelszene aus Max und Moritz von Heinrich Christian Wilhelm Busch, [Der Müller
             guckt von oben in die Gosse. Aus dem Kleiekotzer rieselt die Kleie.]

Abb. 14:   Planansicht Stockwerke und Hauptelevator, Dirnbacher Mühle

Abb. 15:   Hauptelevator bis ins Dachgeschoß, Dirnbacher Mühle

Abb. 16:   Stahlwalzen im Walzenstuhl, Dirnbacher Mühle, Walzenboden, EG

Abb. 17:   Walzenstuhl auf Walzenboden, Dirnbacher Mühle EG

Abb. 18:   Walzenstühle, Transmissionsantrieb und Turbine, Planansicht, Dirnbacher Mühle

Abb. 19:   Elevator oder Gurtbecherwerk, Dirnbacher Mühle, Walzenboden, EG

Abb. 20:   Plansichter, Planansicht, Dirnbacher Mühle

Abb. 21:   Plansichter, Dirnbacher Mühle, Sichterboden, 2. Stock

Abb. 22:   Schwungräder der alten Transmission über der Plansichteraufhängung (Bambusstäbe),
             Dirnbacher Mühle, Sichterboden, 2. Stock

Abb. 23:   schematische [vereinfachte] Darstellung der Dirnbacher Mühle, Markus Stoll

Abb. 24:   Korn zum Ausmalen, Falten und Ausschneiden, Markus Stoll

Abb. 25:   Das Wandern ist des Müllers Lust, Gedicht geschrieben [1821] von Wilhelm Müller,
             vertont vom österreichischen Komponisten Franz Schubert, populär durch Carl
             Friedrich Zöllners [1844] volksliedhafte Melodie
             http://www.lieder-archiv.de/das_wandern_ist_des_muellers_lust-
             notenblatt_300146.html
             Abfrage vom 28.05.2016; Notensatz mit freundlicher Genehmigung von Dietmar
             Bückart, Redaktion lieder-archiv.de, 2016, www.lieder-archiv.de, Copyright ©
             1996-2016 Alojado Publishing

Abb. 26:   Mühlenkreuzworträtsel, Regina Danov

Abb. 27:   Geburtstagsparty, Dirnbacher Mühle

Abb. 28:   Experimente im Brotlabor, Dirnbacher Mühle

Abb. 29:   Brot- und Mühlen Lehr-Museum, Hauptstraße 49, 2640 Gloggnitz, Foto: Dirnbacher

Abb. 30/31: Getreidemandala/Mühlenmandala, http://www.kidsweb.de/,
             Abfrage vom 28.05.2016; mit freundlicher Genehmigung von kidsweb.de, Berlin

Fotos (sofern nicht anders angegeben): Regina Danov, Markus Stoll

Montageplan aus 1948, Carl Dirnbacher, Gloggnitz

Gloggnitz-Neunkirchen, im Juni 2016

FSC
www.fsc.org
MIX
Papier aus ver-
antwortungsvollen
Quellen
Paper from
responsible sources
FSC® C105338